胡萝卜畦栽播种

胡萝卜垄栽划沟播种

胡萝卜垄栽田间生长

1

郑参丰收红田间生长状（张建国提供）

郑参1号田间生长状（张建国提供）

胡萝卜收获（张建国提供）

胡萝卜制种田（张建国提供）

胡萝卜病毒病危害症状

胡萝卜叉根

胡萝卜裂根

胡萝卜瘤状根

根蛆危害状

蔬菜四季栽培新技术丛书

胡萝卜四季高效栽培

主 编

吴焕章　郭赵娟　陈焕丽

编著者

吴焕章　郭赵娟　陈焕丽

周海霞　吴小波　郑军伟

金盾出版社

内-容-提-要

　　本书由河南省郑州市蔬菜研究所专家共同编著。作者根据胡萝卜生长发育特性和各地的气候条件，系统地介绍了采用多种栽培设施和栽培模式进行胡萝卜四季栽培的关键技术。内容包括：概述，环境条件对胡萝卜栽培的影响，胡萝卜四季栽培品种选择，胡萝卜四季高效栽培技术，胡萝卜四季栽培贮藏保鲜技术，胡萝卜四季栽培病虫害防治技术等。本书内容全面，技术实用，文字简练，适合广大菜农和基层农业技术推广人员学习使用，也可供农业院校相关专业师生参考。

图书在版编目（CIP）数据

　　胡萝卜四季高效栽培/吴焕章，郭赵娟，陈焕丽主编 . — 北京：金盾出版社，2015.1(2018.4 重印)
　　（蔬菜四季栽培新技术丛书）
　　ISBN 978-7-5082-9649-4

　　Ⅰ.①胡…　Ⅱ.①吴…②郭…③陈…　Ⅲ.①胡萝卜—蔬菜园艺　Ⅳ.①S631.2

　　中国版本图书馆 CIP 数据核字(2015)第 191587 号

金盾出版社出版、总发行
北京市太平路 5 号（地铁万寿路站往南）
邮政编码：100036　电话：68214039　83219215
传真：68276683　网址：www.jdcbs.cn
北京军迪印刷有限责任公司印刷、装订
各地新华书店经销
开本：850×1168 1/32　印张：4.875　彩页：4　字数：113 千字
2018 年 4 月第 1 版第 3 次印刷
印数：8 001～11000 册　定价：16.00 元

目 录

第一章　概　述

一、胡萝卜的营养价值和用途

胡萝卜是一种菜药兼用的蔬菜,营养价值很高。据测定,每100克鲜肉质根中,含糖类6.4克,蛋白质1.1克,脂肪0.2克,钙36毫克,钾341毫克。钙的人体吸收率为13.4%,仅次于牛奶,是很好的补钙食品。胡萝卜富含胡萝卜素,胡萝卜素又称维生素A原,每100克胡萝卜中约含有胡萝卜素3.62毫克,相当于1981国际单位的维生素A;胡萝卜素的含量约为马铃薯的360倍、芹菜的36倍、苹果的45倍、柑橘的23倍。

胡萝卜性味甘、辛、微温,有健脾化湿、下气补中、安肠胃、治腹泻、防夜盲等功效。胡萝卜含有槲皮素,这是一种与组成维生素P有关的物质,具有改善微血管的功能,能增加冠状动脉血流量,降低血脂,因此具有降血压、强心的效能;胡萝卜中含有一种能降低血糖的成分,是糖尿病患者的佳蔬良药;胡萝卜所含的绿原酸、咖啡酸、没食子酸及对羟基苯甲酸等,既有杀菌作用,又有明目、健脾、化滞的功效。胡萝卜素还有维护上皮细胞的正常功能、防治呼吸道感染、促进人体生长发育及参与视紫红质合成等重要功效,对于眼干燥症和小儿软骨病,也有辅助治疗作用。美国科学家研究证实:每天吃2根胡萝卜,可使血中胆固醇降低10%~20%;每天吃3根胡萝卜,有助于预防心脏疾病和肿瘤。

胡萝卜还具有突出的防癌、抗癌作用,能遏制乳腺癌细胞生长。它所含的抗坏血酸对致癌的"N-2甲基亚硝胺"物质的形成,有神奇的阻隔作用,其阻隔率可达37.3%,并能促进肝细胞再生及肝糖原的迅速合成,从而增强肝脏的解毒能力。它所含的 α-胡萝卜素具有抗氧化活性能力,可使体内的抗氧化酶活性增强,消除代谢过程中所产生的氧自由基,提高免疫能力。每 100 克胡萝卜中含 α-胡萝卜素 3.62 毫克,占维生素的 1/2 以上。β-胡萝卜素可增强人体免疫功能,为强有力的抗癌制剂,能有效防止放射线损伤,降低化疗对人体的副作用;能抑制煤粉尘等混合物引起的突变,抑制脂肪对组织病变及癌前期病变,降低肿瘤发生率,被国内外医学界称为"抗癌英雄"。胡萝卜中含有较多的叶酸,是一种 B族维生素,也有抗癌作用;胡萝卜中的木质素,也有提高机体抗癌免疫力的功用。它所含的果胶酸钙能将体内的亚硝酸、环芳烃等致癌物质裹牢排出体外。所含的甘露醇,也具有排毒功效。胡萝卜除鲜食外,加工用途也很多。以胡萝卜为原料加工开发的产品可分为 3 类:原味品、风味品、精提品。原味品是指以胡萝卜为主要原料,经加工后形成的最终产品。这类产品的特点是胡萝卜所含的各种营养成分均保留在最终产品中,如胡萝卜脯、胡萝卜酱、胡萝卜冻等。风味品是指除胡萝卜为主要原料外,还配以其他原料而形成的独特风味的产品。该类产品不仅保留了胡萝卜的全部营养成分,还增添了其他的营养成分,如草莓-胡萝卜低糖果酱,胡萝卜低脂花生酱,胡萝卜-花生乳茶,芹菜、番茄、胡萝卜复合蔬菜汁,纯天然胡萝卜、枸杞、甘草复合保健饮料等。精提品是以胡萝卜作为原料,经过精细加工,将胡萝卜中的某种成分抽提出来而形成的最终产品,如 β-胡萝卜素的精提和应用。β-胡萝卜素被广泛用于食品、化妆品、医药等方面,可医治维生素缺乏症、皮肤病、抗光敏症等疾病。

二、胡萝卜栽培区域的划分

胡萝卜原产于亚洲西部,阿富汗是紫色胡萝卜最早的演化中心,栽培历史2 000多年。13世纪胡萝卜经伊朗传入我国,目前全国各地均有栽培。我国幅员辽阔,南北气候差别大,几乎周年都有适合种植胡萝卜的地域,是胡萝卜种植大国,种植面积相当于世界胡萝卜总种植面积的1/3还多,全国年种植面积40万公顷以上。

胡萝卜目前没有像马铃薯、白菜等有很明确的栽培区域划分报道,全国各地都可以根据当地气候条件而合理安排茬口栽培。目前,随着设施栽培的普及,各地可栽培的茬口也随之增多。笔者将栽培区域简单地分为3个地区:一是北方地区,包括东北、华北、西北地区。北方特别是高寒地区,由于胡萝卜栽培方法简单,病虫害少,适应性强,耐贮藏而大量夏播栽培,胡萝卜成为冬季主要的冬贮蔬菜之一;春播也有一定面积。二是中部地区,主要是华中和华东地区,介于北方和南方之间的区域。一般为夏秋播,近年来春播面积日益增多;由于近几年暖冬的出现,有些地方秋播胡萝卜可以越冬到第二年收获。三是南方地区,主要是西南、华南、东南冬季比较温暖的地区,如两广、云南、福建、海南等,春夏秋冬均可栽培。在我国,夏秋播栽培仍是胡萝卜的主要栽培方式。

三、胡萝卜四季栽培的概念和意义

胡萝卜四季栽培,简单来说,就是指胡萝卜一年四季春、夏、秋、冬均可以栽培生产。但切记一定要根据当地气候,因地制宜安排茬口,在适合的播期内进行露地或设施栽培。

胡萝卜在全国各地的四季栽培,有着重要的意义。一是耕地四季都可以得到充分利用,不必闲置,造成土地的浪费。二是一年四季都能满足市场对胡萝卜的需求,特别是通过反季节设施栽培,能满足胡萝卜市场淡季的需求。三是四季栽培能保障全年胡萝卜的供应,为胡萝卜加工企业全年提供生产资料,有利于胡萝卜加工业的快速发展。总的来说,胡萝卜营养丰富,栽培简单,病虫害少,耐贮运,宜规模化、机械化种植,加工潜力大,是重要的出口创汇蔬菜,它的生产对农业产业结构的调整、农业增效、农民增收、胡萝卜产业化发展都有着重要的意义。

四、胡萝卜四季栽培的生产现状

我国是世界第一大胡萝卜生产国,胡萝卜种植面积相当于世界胡萝卜总种植面积的1/3还多。2007年我国栽培面积达到49.2万公顷,占全世界胡萝卜栽培总面积的40.6%,主要分布在华北、华中、西南、西北与东北的部分省份,其中以河北、山东、辽宁、河南、四川、江苏、安徽等省的种植面积较大。为了满足国内外市场的需求,我国胡萝卜栽培制度发生了较大改变,以往主要是夏秋播种,秋冬采收;现在不同地区则依据自身的气候特点发展了新的耕作制度,如西北和东北地区发展早熟栽培,华东和华北地区发展一年两季栽培,华南地区发展越冬栽培,已在我国形成了区域化、规模化的发展格局,可以满足市场周年供应的需求。近年来,胡萝卜设施栽培面积迅速增加。据报道,目前有近6.7万公顷。设施栽培可以使北方地区春季提早栽培,产品上市时间恰是4～6月胡萝卜供应淡季,产品价格较高,经济效益可观。

除了人工播种,有些规模化种植地区还可以采取机械栽培。现在的播种机械有内蒙古农机推广站研制出的2BL-6型胡萝卜播种机,是为平作播种设计的机型,可完成平畦筑埂作业,排种器的667米^{2}播量最少可达到200克左右;2BL-8型胡萝卜起垄播种机一次可完成施肥、起垄、整形、播种、覆土作业,作业垄数为4垄,单垄双行,每667米^{2}最小播量可达到180克。洋马农机(中国)有限公司生产的气吸式胡萝卜垄作精量播种机,采用真空方式均匀地吸出种子,可达到精量播种,播种间隔可在3～26厘米之间调节,对种子的发芽率要求高,价格昂贵。韩国生产的人力式胡萝卜播种机,一次可播种 2 行,排种器采用窝眼轮(型孔轮)结构,适合小面积地块作业。胡萝卜收获机国外有大型联合机组,功能齐全,机组配套动力大,洋马农机(中国)有限公司生产的小型胡萝卜收获机一次可完成挖取、输送、切根、茎叶处理、清选功能,但价格昂贵。目前,胡萝卜收获机国内尚无定型产品。

目前,胡萝卜在我国许多地方已经成为当地的主栽蔬菜品种和主导产业。新疆维吾尔自治区博湖县反季节拱棚胡萝卜种植面积有 66.67 公顷左右。青海省西宁市的大堡子镇、湟源县、大通县、湟中县的春胡萝卜生产面积 2009 年已达到 2 900 公顷,每667 米² 产量达到 5 500 千克。河西走廊的武威、张掖、酒泉等地,河北省霸州市五家张村,河南省温县、延津县、安阳县、宁陵县、南阳市宛城区瓦店、黄台岗、新野县城郊乡等乡镇以及开封地区等,这些地区在全国都是有名的种植区。蔬菜大省山东省济宁市任城区推广胡萝卜无公害多茬口高产栽培技术模式,种植面积 660 多公顷,667 米² 产量 3 600～7 050 千克。云南省大理市蔬菜主产区一年四季均可种植胡萝卜,特别是冬、夏反季种植胡萝卜,可在4～9 月的胡萝卜供应淡季供应本地市场和外销。福建省漳浦县胡萝卜种植面积已达 700 公顷,产量 3.8 万吨,其中 60%以上出口。

大的生产区如安徽省萧县,以孙圩子乡为中心,辐射周边的王寨、杜楼、丁里、马井等 10 余个乡镇,常年种植面积在8 000～10 000公顷,667 米² 产胡萝卜 3 300 多千克。拥有胡萝卜产地批发市场、加工厂及协会组织,形成了产业化发展格局,成为全国最大的胡萝卜生产基地和产品交易集散地。产品不仅销往国内各大市场,同时还远销日本、韩国、越南等国外市场。基地核心区孙圩子乡 2002 年成功注册"孙圩红"牌商标;2004 年经安徽省农委验收认定为"无公害农产品生产基地";2007 年被安徽省政府评为"安徽省农产品标准化生产基地"。

江西省万载县自 1999 年开始进行有机农业生产,目前有菱湖、高村、白水、白良、赤兴、仙源、三兴、罗城、岭东 9 个乡镇获得欧盟 ECOCERT 的有机产地认证,胡萝卜等 29 个品种获欧盟 ECO-CERT 有机农产品认证,被国家环保局授予"全国有机农产品生产基地"称号,是江西省第一批现代农业示范园区之一。2010 年栽培有机胡萝卜面积为 15 公顷,每 667 米² 产量为 1 250～1 500 千克。有机胡萝卜鲜销或经加工成果汁后远销欧盟、美国、日本和我国香港等多个国家和地区,销价一般是传统胡萝卜的 2～3 倍。

广西壮族自治区宾阳县胡萝卜每年种植面积均达 2 667 公顷以上,每 667 米² 一般产量为 4 210 千克。种植核心区成立了黎塘汇农胡萝卜协会,成功注册了"汇农"胡萝卜商标,产品销往广东、上海、福建及北方各省,同时还远销越南、韩国等国,成为全国最著名的春胡萝卜产区之一。

厦门市翔安区是全国胡萝卜生产的主要基地之一,每年的 1～4 月,填补了国内出口新鲜胡萝卜的空白,价高物美,年播种面积在 2 000 公顷以上,每 667 米² 胡萝卜产量 6 000 千克左右。

自 20 世纪 80 年代以来,我国出口胡萝卜数量越来越大,主要销往日本、俄罗斯、泰国、韩国、新加坡、新西兰、菲律宾、马来西亚、欧盟以及我国香港和台湾地区,少量销往欧美。其中,日本是进口胡萝卜大国,主要进口保鲜胡萝卜、胡萝卜汁、以胡萝卜为主要原料的混合蔬菜等。

五、胡萝卜四季栽培存在的问题和对未来的展望

当前,随着我国国民经济的迅速发展,科技水平的快速提高,我国蔬菜产业有了迅猛发展,蔬菜的鲜食和加工产品已经成为我国进行农业结构调整和发展创汇农业的重要支柱产业。消费者对蔬菜的需求正从数量消费型过渡到质量消费型,这就对蔬菜的商

品性、营养性提出了更高的要求。胡萝卜作为大众喜爱的一种蔬菜,因其营养价值高、产量高、栽培简单、耐贮耐运、加工潜力大,特别适合产业化开发,具有广阔的开发利用前景。如今,胡萝卜在生产、营销、加工等环节已经取得显著成效。然而胡萝卜生产中也存在着一些问题。

第一,胡萝卜栽培技术粗放。有些地区农田水利基础设施差,单产和质量都偏低。实际生产中,胡萝卜新技术、新成果的推广普及率不高,应用不广泛。农民接受新技术慢,机械化栽培规模小,而现在人工又比较贵,所以胡萝卜单产与世界平均水平还有较大的差距。

第二,胡萝卜科研水平相对落后。国内研究胡萝卜的科研单位较少,国产优秀的胡萝卜品种较少,特别是耐先期抽薹的春播品种少,20世纪80年代的黑田五寸型品种仍是国内市场的主栽品种,优秀品种还需要从国外引进,从长远看会阻碍国内胡萝卜产业整体竞争力的提高。

第三,我国胡萝卜加工技术还比较落后。即使在胡萝卜主产区,胡萝卜的加工也仍然停留在简单的冷冻和保鲜处理上,附加值更高、增值空间更大的胡萝卜汁、胡萝卜泥、提取胡萝卜素等精深加工相对落后,大型胡萝卜加工企业在我国很少见有报道,因此大规模种植胡萝卜受到限制,影响胡萝卜产业化的发展。

第四,近年我国出口胡萝卜因农药残留超标问题而屡遭国外通报,严重影响了胡萝卜的出口和地方农业经济的发展。

胡萝卜容易形成产业化,有其自身特点:一是胡萝卜具有十分丰富的营养和较高的药用价值,菜药双优。二是胡萝卜管理相对简单,病虫害较少,适合规模化、标准化种植。栽培中施用农药较少,农药污染轻微,很容易培育无公害蔬菜,在无公害蔬菜生产中有着特殊重要的意义。三是耐贮运,适于长时间和长距离的运输。四是胡萝卜秋季播种较晚,便于茬口安排,是一种传统的救灾作物。五是胡萝卜加工用途多,加工潜力大,有利于建立胡萝卜产业。综合这些特点,我们可以看到建立和发展胡萝卜产业是我国蔬菜市场经济发展的必然趋势,有着广阔的发展前景。

所以,面对我国已经加入世贸组织、物资出口途径日益通畅、胡萝卜出口量还将快速增加的现状,我们要培育优秀的胡萝卜品种,推广科学栽培技术,提高胡萝卜的品质,建立具有可持续生产能力的专业出口基地,促进胡萝卜的区域化和规模化生产,确保出口胡萝卜安全、卫生、优质生产。同时,提高胡萝卜加工技术,大力发挥我国劳动力资源和胡萝卜生产资源的优势,加强胡萝卜生产和加工环节的标准化建设,对生产、加工、经营和销售等环节全程控制,发展胡萝卜产业化。另外,我们还要进一步开拓国际市场,促进我国胡萝卜产业和出口创汇,增加农民收入的同时提高我国国民经济水平。

第二章　环境条件对胡萝卜栽培的影响

一、温度对胡萝卜栽培的影响

胡萝卜原产于中亚细亚较干燥的草原地区,为半耐寒性作物,其耐寒性、耐热性均强于萝卜,营养生长时期喜温和冷凉的气候,而生殖生长时期要求相对较高的温度。

(一)温度对种子发芽时间的影响

在4℃~6℃时,种子就能萌动,发芽缓慢,需28~30天;8℃时约25天;11℃时约9天。发芽最适温度为20℃~25℃,约7天即可苗齐。胡萝卜播种不宜过早或过晚,保护地栽培可根据大棚或小拱棚内温度灵活掌握,一般平均气温7℃左右即可播种。

(二)温度对幼苗期茎叶的影响

胡萝卜叶部生长具有较强的适应性,幼苗期能耐短期的-3℃~-5℃低温。据日本报道,胡萝卜叶片生长适宜昼温为18℃~23℃,夜温为13℃~18℃。胡萝卜幼苗期在23℃~25℃温度条件下生长较快,温度低时则生长很慢,30~40天的幼苗,经受-12℃低温,叶片会脱落,但不致死亡,以后条件适宜仍可萌发新芽生长,形成肉质根。茎叶的生长适温为23℃~25℃,幼苗可耐27℃以上的高温。

(三)温度对肉质根生长的影响

胡萝卜肉质根膨大期的适宜昼温为 15℃～23℃,夜温为 13℃～15℃,3℃以下生长停滞,25℃以上生长受阻。最适地温是 18℃～23℃,在此地温下配以 18℃/13℃的昼夜气温,肉质根生长快、根形整齐、品质好;若高于 24℃,肉质根的膨大缓慢、色淡、根短且尾端尖细,产量低、品质差;过低生长慢、色差。胡萝卜素的形成以在 15℃～21℃时最多。根的颜色对温度较敏感,在肉质根生长过程中,温度适合,越接近于成熟,胡萝卜素的含量就越高,其颜色也逐渐加深。据研究报道,地温在 10℃～15℃根色不佳,较浅;15.5℃～21℃根色较好;高于 21℃,根色更差,品质也劣。特别是胡萝卜春播,播种过早容易抽薹,播种过晚导致肉质根膨大期处在 25℃以上的高温期,影响肉质根的膨大和品质,并产生大量畸形根。胡萝卜的叶片也耐较高的温度,所以苗期可安排在温度较高或较低的月份,使肉质根生长期处于最佳温度的月份。

(四)温度对生殖生长的影响

胡萝卜为绿体春化型蔬菜,由营养生长过渡到生殖生长,需要经过冬季低温通过春化阶段。通过春化阶段的温度为 1℃～3℃条件下 15～20 天,而 10℃～15℃条件下需要 20～40 天,有的品种也不太严格。到了第二年春夏季,温度升高,开始抽薹、开花与结果。胡萝卜需要达到一定苗龄即植株长到一定大小后,才能感受低温的影响并能在低温条件下通过春化阶段,易抽薹品种在苗期 4 或 5 片叶甚至 2 或 3 片叶时就能感受低温而进行花芽分化,以后在 5～6 月长日照条件下抽薹开花。据日本学者研究,"黑田五寸"类型品种遇到 10℃以下低温累计 360 小时以上,就有抽薹的危险,温度越低,持续低温时间越长,抽薹率越高,最高可达 90%以上。但是,在南方的一些少数品种或者部分植株中,也可以在种子萌动后和较高温度条件下通过春化阶段,而造成未熟抽薹现象。根据生产上的经验,在选用耐抽薹春播胡萝卜品种的前提下,春播可在日平均温度 10℃、夜平均温度 7℃时播种。胡萝卜开花结实期适温为 25℃左右。花粉活力时间要求温度较高,一般安排在上午 10 时或下午 2 时左右进行授粉。

(五)温度对病虫害的影响

高温期胡萝卜容易发生软腐病、白粉病、病毒病等,因此温度较高时应注意病虫害的防治。详见第六章胡萝卜病虫害的防治。

二、光照对胡萝卜栽培的影响

在肉质根的形成过程中,充足的光照有利于光合作用的形成,使肉质根膨大时能够得到较多的碳水化合物。自然界中,除个别生物外,都离不开太阳光照,太阳光中的红光被植株叶绿素吸收最多,能加速长日照作物的发育,作用最大;黄光次之。胡萝卜为长日照作物,14 小时以上才能发育,在长日照下通过光照阶段而抽薹开花,且其营养生长要求中等光照。胡萝卜对光照强度要求较高,光照充足,叶片宽大,光照不足会导致叶片狭小细弱,叶柄伸长,下部叶片营养不良,而提早衰亡。

胡萝卜是喜光作物,除草、间苗都宜早进行。在肉质根膨大期间,如果植株过密,相互遮阴,就会导致胡萝卜低产和品质差,从而影响商品性。对于秋季利用低龄树林、低龄果园、吊瓜园、葡萄园、桑地等高秆植物套种胡萝卜栽培方式的,前期遮阴降温,利于出苗、齐苗,只要在 9 月底前后能保证胡萝卜有足够的光照,同样可以获得高产。

三、水分对胡萝卜栽培的影响

胡萝卜叶为根出叶,叶柄较长,叶色浓绿,为三回羽状复叶,叶面积小,叶面积上密生茸毛,蒸腾能力弱。胡萝卜根系较强大,根系深,比较耐旱,但也要求较湿润的土壤,才能获得高产优质。胡萝卜根系分布深度可达 2～2.5 米,宽度达 1～1.5 米,为深根性的蔬菜,这种具有抗旱特性的叶片结构,配合强壮的根系,能利用土壤低层的水分,为蔬菜中抗旱能力较强的一种。不过为了获得高产和优质的产品,在干旱时仍需进行灌溉。胡萝卜对水分的要求,一是不能缺水,缺水将减慢胡萝卜的生长、肉质根细小、须根多、外形不正、粗糙。如果严重缺水,胡萝卜就会停止生长。一般土壤相对含水量应保持在 60%～80%,过湿或过干,则根表面多生瘤状物、裂根乃至烂根。幼苗期可适当控制水分。若生长前期水分过多,地上部生长过旺,使地上部与地下部(T/R)比例增大,影响以后的直根生长。

播种到出苗期应保持土壤湿润,发芽期种子发芽很慢。因此,从播种到出苗,应连续浇 2～3 次水,一般隔 3～4 天浇水 1 次,以后 10～15 天浇水 1 次,或播种前充足浇水,经常保持土壤湿润。胡萝卜出苗后,如遇高温干旱天气,易缺水而影响幼苗正常生长,需在清晨或傍晚时分淋水(或沟中灌水)润土保墒,且水量不宜大,使土壤湿度维持在田间最大持水量的 70% 水平。一般土壤的相对湿度维持在 65%～80% 为宜,过干、过湿均不利于种子发芽出苗。胡萝卜又较怕涝,在苗期与叶片生长旺盛期如逢雨季,若排水不畅,易导致肉质根生长受限而减产,所以这段时间需控制水分和注意排涝,结合中耕松土蹲苗,以防止叶部徒长,影响肉质根的生长,保持植株地上部与地下部生长平衡。

当胡萝卜长到手指粗,进入肉质根膨大期,是肉质根生长最快的时期,也是对水分、养分需求最多的时期,必须及时、充足地浇水,保持土壤湿润,防止肉质根中心柱木质化。如果土壤和空气过分干燥,水分不足,肉质根容易木栓化、质地粗硬,侧根增多,根细、粗糙、外形不正,品质差;如果土壤水分过多,浇水过勤会造成土壤中空气稀薄,根处于无氧呼吸的状态,时间长了就会产生沤根和烂根;如果水分忽多忽少、土壤忽干忽湿会使肉质根开裂,易形成裂根与歧根,降低品质。只有适时适量浇水,才能提高胡萝卜品质和产量。胡萝卜浇水切忌忽干忽湿,收获前 10 天停止浇水。

四、土壤条件对胡萝卜栽培的影响

胡萝卜为根菜类蔬菜,这类蔬菜根要往深处扎,并在土中膨大,因此,良好的土壤结构是获得高产优质的保证。一般情况下,耕层较深、保水、排水及通气良好的沙壤土较适宜,土壤孔隙度20%～30%为最好,如果孔隙度减小,产量会相应降低。孔隙度小、容量大、耕层浅的土壤不但使产量降低,而且由于主根的生长受阻,易形成分叉的畸形根。过于沙性的土壤也不好,虽然生长快、外观好,但质地粗,味淡,而且耐寒性、耐热性、耐贮性都差。

胡萝卜适应性强,栽培容易,沙壤土、壤土、黏土均可栽培成活。胡萝卜的肉质根表面上有相对四个方向纵列四排须根,细根较多,根系扩展 60 多厘米。胡萝卜根的表面有气孔,以便根内部与土壤中空气进行交换。若土质黏重、排水不良、土壤通气差、土层浅的土壤,气孔扩大而使胡萝卜表皮粗糙,易发生叉根、瘤状物、裂根、烂根,外皮粗糙、色浅,根小,且产量低、质量次,售价低。此时,需要增加农家肥的用量,或在翻耕时施入一定量的草木灰、砻糠灰。为提高胡萝卜的外观质量和经济效益,在孔隙大、环境好、无污染、土层深厚、土质疏松肥沃、排水良好、向阳、升温早、富含有机质的沙质壤土或壤土(pH 值 5～8)的土壤中种植,胡萝卜生长良好,肉质根颜色鲜艳,侧根少,皮光滑,质脆。在胡萝卜生长期内,维持土壤的疏松、肥沃和湿润,是促进根系旺盛生长、保证地上部叶面积扩大和肉质根肥大的首要条件。

胡萝卜根系发达,因此深翻土壤对促进根系旺盛生长和肉质根肥大有重要作用。播前需深耕细作,耕作深度不少于25厘米。如"新黑田五寸人参"产量高,肉质根长达20厘米左右,因此翻耕深度应掌握在25~30厘米,最好于冬前深翻,播种前结合施基肥再翻耕1次。对排水稍差、土壤质地较黏重的地块,可实行高垄栽培,利于排水降湿、避免渍害,增加土壤透气性,能使胡萝卜优质高产,裂根减少。

由于胡萝卜在地下生长,因此近几年内使用过克百威等高残农药的土壤不适宜发展加工出口胡萝卜生产。

五、矿质营养对胡萝卜生长发育的影响

在肉质根的形成过程中需要大量的矿质元素,倘若缺乏就会影响肉质根的产量,特别是缺氮、钾的影响最大,磷、钙次之,缺镁影响较小。胡萝卜需氮、钾肥较多,但氮肥不能过多,否则会造成徒长,特别在缺钾时,徒长表现更甚。氮素是叶绿素的组成成分,氮素越多,叶绿素也就越多,颜色就越绿。而胡萝卜的根中几乎没有叶绿素,增施氮肥不但不能增加胡萝卜素的含量,使根的颜色加深;相反,增施氮肥还会抑制胡萝卜素的合成,造成根皮颜色变浅。胡萝卜生长需要较多的有机肥,对氮、磷、钾三要素的吸收量以钾最多,氮次之,磷最少。氮源不同对胡萝卜肉质根的形成影响不大,胡萝卜在 NH_4-N、NO_3-N 及 $NH_4:NO_3=1:1$ 的条件下生长均良好。在肉质根膨大期施钾量与胡萝卜产量呈正相关。施肥方式也影响产量,氮、磷、钾集中施用的产量和胡萝卜素含量高于撒施。特别是磷、钾肥集中施用有利于提高胡萝卜素的含量。

胡萝卜营养生长时期一般在 90～140 天,产量高,没有足够的土壤营养是不行的。栽培上要注意多施磷、钾肥,以增强抗性。一般每 667 米² 生产 5 000 千克胡萝卜需纯氮 15 千克、纯磷 5 千克、纯钾 25 千克。这些数值减去土壤和农家肥所含的纯氮、磷、钾量,得到需补充的元素纯量,然后按照公式:需补充化肥数量=需补充元素纯量÷(化肥含量×当年化肥利用率),即算出当年化肥用量,一般每 667 米² 施腐熟有机肥 2 000～5 000 千克。如果没有有机肥,可每 667 米² 施三元复合肥 50 千克加少量尿素和磷酸二氢钾。为保证优质、高产,可适量施用钾肥,如硫酸钾,一般每 667 米² 施硫酸钾 30～50 千克。基肥应以有机肥为主、化肥为辅。要求均匀地埋入距表土 6 厘米以下土层。基肥量应占总肥量的 70%以上。有机肥要充分腐熟,细碎,撒施均匀。施肥应注意,不使用工业废弃物、城市垃圾和污泥。不使用未经充分发酵腐熟、未达到无害化指标的人畜粪等有机肥料。另外,因胡萝卜生长的中后期需肥量较大,施肥宜以迟效性的基肥为主。

六、灾害性天气对胡萝卜栽培的影响

胡萝卜播种后出苗前,遇到暴雨天气,容易冲刷或拍实垄面、畦面,影响出芽。一般可在垄面、畦面上覆盖一层麦秸或稻草,既遮阴保湿又防雨水冲刷。出苗后,暴雨容易导致胡萝卜幼苗倒伏,生长重心偏移,肉质根分叉或裂根。大雨和连绵雨天气容易导致田间积水、地面板结,田间湿度过大,会严重破坏胡萝卜根系的生长环境。因此,要选择在地势较高、排灌方便的地块种植胡萝卜,减少暴雨和大雨的危害。

低温冻害容易使胡萝卜冻伤或冻死,产量降低;严重冻害会使植株生长点受到破坏,顶芽冻死,生长停止。肉质根受到冻害时,生长停止,直接影响其商品性。胡萝卜生长期如遇霜冻,可将湿稻草、柴禾堆放在菜田边生火熏烟来减弱霜冻程度。若已达到商品成熟度,要及时抢收或加强田间管理,中耕培土,疏松土壤,提高地温。根据胡萝卜的生长特点和对温度的要求,由于各地区气候条件不同,播种期与收获期也有区别,在月平均气温连续出现零下低温前,必须收获。根据胡萝卜的生长期长短,确定适宜的播期。在西北和华北地区,多在7月中旬左右播种,11月上中旬上冻前收获,以免肉质根受冻,不耐贮藏。

冰雹容易造成叶片被打成碎片,降雹后应及时清沟排水,以降低土壤湿度,并要及时连续进行2～3次中耕松土,特别是盐碱地和板结地更为重要,避免发生泛盐和淤泥板结。

第三章　胡萝卜四季栽培品种选择

一、胡萝卜选种中存在的问题

选择优良的胡萝卜品种,可以收获更高的产量、更优质的产品,增强抗逆性、抗病虫害的能力,节省农业投入,减少农业污染,保证消费者的健康,而且可以调整收获时期,达到周年供应,增加农业收入,增强国际竞争力。目前生产中,胡萝卜种植者进行品种选择时存在下列问题。

(一)"品种"与"种子"不分

"品种"与"种子"是两个完全不同的概念,某个品种的表现好坏与其种子质量的好坏也是不同的。"好品种"当中有"好种子"和"孬种子"之分,"赖品种"当中也有"好种子"和"孬种子"之分。种了"孬种子"也并不意味着这个品种就不好,品种还是好品种,只不过是种子质量出了问题。因此,在胡萝卜生产中选择一个抗病、优质、丰产、抗逆性强、适应性广、商品性好的品种的同时,还要注意对种子质量的选择。

(二)片面追求"好品种",认为好品种是"万能的"

目前,种植者对市场上名目繁多的胡萝卜品种,眼花缭乱,不知该选用哪个品种好。一些种植者怕冒风险,迷信老品种,对新品

种的认知度较低,即便是有专业技术人员推荐,仍然心有疑虑,对
新的品种很难接受,看别人种什么品种自己就会跟着种什么品种,
收益安全稳妥,但不可能赚大钱,适于种植胡萝卜经验不足或新菜
农在生产初期采用,这在胡萝卜市场竞争比较激烈的情况下尤为
明显。事实上,当一个品种在生产上应用多年后,商品性都会出现
不同程度的退化,而每一个新品种推向市场之前,均经过3~5年
的区域试验、生产试验,商品性、抗病性均较好、较稳定,具有取代
老品种的优势。也有一些种植者片面求新、求奇,选品种时,存在
一些错误的认识,他们认为,种子越贵越好,新品种就一定是优良
品种,把二者等同起来,对那些越是没听说过的品种越感兴趣,当
然新品种肯定有它的特点,但要了解与同类品种相比的优点,是不
是你所需要的。还有一些种植者认为只要买到一个好的品种,不
管是在什么条件下都能够实现高产。实际上胡萝卜能否实现高
产,除受品种影响外,还主要受气候条件、品种潜力和管理水平等
多方面的影响,一个品种的高产潜力能否发挥出来还要看生产条
件是否能够得到满足。选择一个好的品种,还需要有好的种植技
术和管理措施来配合,只重视"好品种"而不重视管理,其结果很可
能是好的品种没有得到好的收成。所以,好品种并不是"万能的",
选择合适的品种,还要配以合理的栽培和加工技术。

(三)忽视市场需求及消费习惯,盲目种植

以前种植者种菜以自产自销为主,只有少量蔬菜供应当地市
场。目前,我国蔬菜市场供应已实现大流通、大循环,产品已出现
季节性、区域性、结构性的相对过剩,因此生产者在品种选择时,应
根据市场需求规律,不断变换种植模式,增加蔬菜品种,种植蔬菜
以当地市场及外销市场为主。不同的地区由于消费习惯的不同,
对胡萝卜的需求也不同,因此要根据市场要求,适当选择多个品种
并合理安排种植面积,而不能单凭自己的喜好或当地的喜好来选

择品种。

(四)忽视环境条件差异,盲目引种

随着我国反季节春播胡萝卜面积的日益增加,由于选择不当的春播品种或栽培技术等原因,常导致胡萝卜大面积抽薹、产量降低、品质变劣,给广大种植户带来很大的经济损失。不少种植者在选择品种时易走入盲目引种的误区,随意性太强,常常是既不考虑当地自然条件,又不了解该品种的生物学特性,以至于在春播区未选择适合春播的胡萝卜品种,结果不仅没有赚到钱,反而老本也搭上了。他们往往只凭科普小册子和蔬菜刊物上的广告宣传内容就立即联系购种,直接用于生产,风险较大。事实上,一个自己或当地从未种过的新品种,未经试种观察是不可直接用于生产的,否则极易造成损失。

(五)只认品种名称,不看品牌

当一个选育的优良品种被成功推广后,很多育种者和种子经营单位纷纷模仿,使得同一个品种有不同的生产单位,因此生产出的胡萝卜种子质量也有很大差别。许多菜农购买种子时只要看到是同一名称的品种,不管种子的经营单位和品牌,只图种子量多,包装漂亮,价格便宜,结果播种后出苗率低,纯度差,产量低,经常给种植者造成重大损失。

二、如何选择胡萝卜品种

(一)品种选择的原则

品种是人类在一定的生态和经济条件下,根据需要而创造出的栽培植物群体。这个群体在经济性状和遗传性上具有相对的稳定性和一致性,适应一定地区的自然和环境条件,产量和品质等符合一定时期内人类的需要,它是农业生产的重要物质基础。所以,选种时应注意适应自然条件的范围和发展前景。随着生产的发展和人民生活水平的提高,人们对胡萝卜品种的要求越来越高,因此选种时一定要注意其地域性、适应性和时效性等方面的限制。

选择优良的胡萝卜品种的原则:一是丰产性好。优良的胡萝卜品种,在一定的管理和栽培条件下,都能比同种类型的普通品种获得更高的产量,一般要比普通品种增产10%以上。二是商品品质好。优良胡萝卜品种应具备消费市场所要求的优良商品性状,如外观、整齐度、色泽、风味和营养指标等。三是抗逆性强。优良胡萝卜品种比普通品种具有更强的抗逆性,如春播要耐寒、耐抽薹;夏播耐热、耐湿等,这是获得高产的基本保证。四是抗病性强。抗病性强是优良品种需要具备的一个非常重要的特征。在集约化栽培强度大、土地使用过度频繁的情况下,抗病性有时会成为优良品种首要具备的条件。

(二)品种选择应注意的问题

选择优良的胡萝卜品种应具有以下特征,该品种不但能获得较高的产量,而且品质好,销路好,经济效益高。优良的胡萝卜品种特性除丰产性外,还应具备以下几个条件:地上部植株小,肉质根形状为圆柱或近圆柱形,根肥大,表皮平滑无突起,无分叉和开裂;韧皮部肥厚而木质部细小;肉质致密,水分适中;肉质根颜色鲜红,含胡萝卜素和可溶性固形物营养成分要高。因为肉质根中胡萝卜素含量与根色密切相关,以橙红色胡萝卜肉质根中胡萝卜素含量最多,红褐色、黄色、紫色胡萝卜次之,而白色则缺少胡萝卜素。

胡萝卜选种中应注意以下问题。

1. 选种时要注意种子质量 生产中对种子质量的要求如下:

种子纯度≥92%、净度≥85%、发芽率≥80%、水分≤10%。由于胡萝卜种子实际上是果实,不仅果皮厚,含有挥发油,外面还生有刺毛,因此通气性、透水性差。另外,在胡萝卜采种时,开花授粉受气候影响较大,常常形成无胚或胚发育不良的种子,因而容易造成发芽困难、发芽率低、出苗不整齐,同时种子寿命一般4~5年,但2年后的种子发芽率即降低。所以,胡萝卜选种时应选择正规种子经营单位销售的优良品种和发芽率高的新种子,最好不用贮存2年以上的种子。

2. **根据当地气候条件和市场需求选择合适的品种** 由于胡萝卜花芽分化受日照影响大,所以最适宜的播种期是夏播、秋播。北方胡萝卜栽培大都实行夏播秋末冬初收获,南方胡萝卜一般采用秋冬季栽培,冬种夏收栽培也有小面积的试种和推广。如进行春季反季节栽培必须选用不易抽薹、迟抽薹、耐抽薹的品种,如日本宝冠、新黑田五寸人参、日本红誉五寸等。还要掌握适宜的播种期,不过早播种,或播种早时采用有效的保温、增温措施,使幼苗不长时间处于低温条件下。

3. **适当引种** 引种时一定要把品种的特征特性了解清楚,特别是缺点、问题要找到,与自己的实际条件相比对,分析种植成功的可能性。种植者应在种植前详细了解该品种对气候、土壤、温度、湿度和光照等环境因素的适应能力,尽量从与本地自然条件相似的地区引进。每个合法品种在通过审定时都会确定其相应的适宜种植区域,因此在选购品种时一定要特别注意这一点,千万不要选择越区的品种。引进新品种前应先向当地有关单位(科研单位、种子公司等)询问有关情况或自己少量试种观察2~3年,然后再决定是否正式投入生产,这样做比较安全可靠,风险也小。

4. **根据胡萝卜生产目的的不同,选择适宜的品种** 如加工型胡萝卜品种的胡萝卜素含量要高;鲜食的胡萝卜品种要有好的外观和品质等。大型胡萝卜原料生产基地的品种均为夏播秋收品种,生长期90～110天,中国、日本、美国均有适合加工的胡萝卜素含量较高的品种。适合加工的优良品种大面积生产时,一般每100克鲜胡萝卜类胡萝卜素含量可达8～12毫克,每667米^{2}胡萝卜产量3000千克左右,高产的可达4000～5000千克。加工型胡萝卜品种要求胡萝卜素含量高。优质胡萝卜原料的感官特性:新鲜良好,心柱细小,肉质肥厚,心与肉均为橙红色,外形呈柱状,无分叉,无畸形,无开裂,无青头,无冻伤和机械损伤。对胡萝卜素含量的要求,加工用胡萝卜原料有两个评价指标:一是667米^{2}产量,二是单位重量的胡萝卜素含量,二者的乘积为667米^{2}胡萝卜素产量。667米^{2}胡萝卜素产量(毫克)=667米^{2}产量(千克)×单位重量胡萝卜素含量(毫克/千克),它反映了自然收获量和内在质量两方面的因素。种植者一般关心667米^{2}产量,健康食品的加工者一般关心单位重量的胡萝卜素含量。我们的目标是胡萝卜素含量越高越好,同类胡萝卜素含量每100克鲜胡萝卜不低于8毫克的前提下,667米^{2}产量越高越好。春播夏收品种因胡萝卜素含量低、品质差,667米^{2}产量低,不适合做加工用,主要用于淡季蔬菜搭配。

5. **选择正规品牌良种**　尽管同名品种很多,但只有注册商标的品种才受到法律保护。选种时既要看品种名称,更要看商标,是保证选对良种的首要步骤。正规的种子繁育科研院所和种子公司有规模、有品牌、技术力量强、信誉好、种子质量有保证,是购种的首选目标。品牌良种具有斤两足、发芽率高、种子纯度高、种后技术服务周到等优点。所以,种植者要到正规的种子生产和销售部门购买种子,购种时要选择有规模、有品牌、技术力量强、信誉好、种子质量有保证的种子公司,预防同名异种、同种异名、新陈种子掺兑等伪劣种子流入市场,并注意种子外观质量、生产日期、发芽率等,并索要发票,依法维权。

（三）无公害栽培品种选择标准

根据农业部颁布的胡萝卜生产技术规程,无公害胡萝卜生产应选用抗病、优质丰产、抗逆性强、适应性广、商品性好的品种。一方面,选用抗病、抗逆性强的胡萝卜品种,是无公害生产、病虫害农业防治的重要措施。选择抗性强的品种,栽培过程中,胡萝卜病害发生轻,虫害少,可以不用防治,或减少用药量,从而减轻污染。这样既可以降低成本,减少用工,同时还可以保证胡萝卜产品的安全。另一方面,胡萝卜品种类型较多,不同品种间适应性差异大,产量水平以及食用价值各不相同,只有选择适合当地气候,适合相应栽培季节、栽培方式以及消费要求的品种,才能保证胡萝卜无公害生产的高产和优质,也才能保证胡萝卜产品适销对路。生产上,引种不当或不熟悉品种特征特性,而又没有采取有效的技术措施,常会给胡萝卜生产造成不应有的损失。例如,春季栽培不耐抽薹品种,常造成胡萝卜先期抽薹,直接影响胡萝卜产品的商品质量和产量。

无公害胡萝卜选种标准:各地应根据当地的气候条件和市场的消费习惯来选用优质、耐抽薹、产量高、品质好、耐贮藏的品种。根据《无公害胡萝卜生产技术规程》,无公害胡萝卜生产所要求的种子质量为:种子纯度≥92%,净度≥85%,发芽率≥80%。品种要求肉质根根形好,表皮光滑,形状整齐,皮、肉、心颜色比较一致,肉厚,心柱细,品质好,质细味甜,脆嫩多汁。生产中要符合《中华人民共和国农药管理条例》卫生要求的规定。

为了保证出苗整齐和全苗,在播种前还要进行一些处理。无公害胡萝卜播种前需要对种子进行处理,一是对种子要进行筛选,除去秕种、小种子,并进行发芽实验,以确定适宜的播种量。二是要搓去种子上的刺毛,以利吸水和播种均匀。三是为了加快出苗可进行浸种催芽,方法是将搓毛后的种子在30℃～40℃温水中浸种 3~4 小时,出水后用纱布包好,置于 20℃~25℃ 条件下催芽,催芽 5~7 天,其间每天用清水冲洗 1 次,当 50%~60% 的种子露白时即可播种。

(四)出口品种选择标准

出口胡萝卜多为保鲜胡萝卜和速冻胡萝卜。出口保鲜胡萝卜品种要求优质,抗病,商品性好;肉质根根形好,根头小,整齐;肉质根肥大,表面光滑,长 15 厘米以上,粗 2 厘米以上,皮、肉、心均为红色,色泽好,且心柱细;质地脆,无苦味;没有青头,裂根和畸形根很少。出口速冻胡萝卜品种要求优质,抗病,肉质根商品性好,肉色红,表皮光滑无沟痕,根形直,肉质柔嫩,心柱细。出口保鲜、速冻胡萝卜都要遵守国家的检疫制度。

三、不同种植茬口胡萝卜品种的选择

(一)春播品种的选择

春播胡萝卜的品种选择是丰产的关键之一。近年来根据市场需要,特别是出口的需要,胡萝卜春播夏收种植面积逐年增加,且具有很好的经济效益。春播胡萝卜春季播种,夏季收获。春季温度偏低,生长后期温度较高,胡萝卜前期感受一定的温度会导致花芽分化而在后期引起抽薹,春播品种一定要选择冬性强、不易先期抽薹、耐热、抗病、高产的早熟或中熟品种,即前期耐寒性好、后期有一定耐热性的品种,尽量在炎夏到来之前,肉质根已基本膨大,达到商品采收标准。对用于出口栽培的,所用品种特性要符合出口要求。

春播除应采用冬性较强、耐抽薹的品种,还要根据当地市场消费特点,选择适销对路的中早熟品种,一般北京、天津、上海等大中城市消费者宜选用皮、肉及中心柱全红的品种。目前,较好的品种如日本黑田五寸、改良黑田五寸和韩国红心五寸等,还有我国传统农家品种小顶红等地方胡萝卜品种。早春大、中棚栽培宜选择叶簇直立,肉质根肥厚,根色鲜红,心柱不易木质化的早熟品种,生长期在70～80天为宜。同时,要求品种适应性强,有抗低温能力,不易抽薹。

目前,较适合春播的胡萝卜品种有郑参丰收红、红芯4号、红芯5号、红芯6号、春红1号、春红2号、京红五寸、春红五寸、日本新黑田五寸人参、烟台五寸、红誉五寸以及日本的春莳五寸、春时金港等。

(二)夏秋播品种的选择

夏秋播种,初冬收获,是我国大部分地区胡萝卜的主要栽培方式。早中晚熟品种都可以,一般选择生长期在90～110天的品种。夏播品种要求耐热、耐旱、优质、高产、抗病,如夏莳五寸、鲜红五寸、京夏五寸、京红五寸等。秋播品种对其品种的冬性要求不是很严格,适应性强、高产、优质、抗病、外观漂亮的圆柱形品种即可,如郑参丰收红、郑参1号、红芯3号、京红五寸、天红1号、黑田五寸系列、西安胡萝卜等。

(三)冬播品种的选择

冬种品种应选择耐寒性较强的优良品种,这是取得高产优质的重要条件。有人在南方温暖地区进行冬种栽培试验,取得了不错的效果。第一次进行冬季栽培,可先进行小面积试种,成功后再大面积栽培,千万不能全部照搬别人的经验,以免因品种不适应而抽薹开花、降低胡萝卜产量和品质。一般以短根型、橘红色的五寸参胡萝卜或其他耐寒品种为好,上市鲜销和加工都比较对路。

(四)品种介绍

1. 郑参 1 号 郑州市蔬菜研究所育成的新型优良小顶胡萝卜品种。株型半直立,株高中等,地上部分生长势较强。肉质根圆柱形,商品率高,长约 20 厘米,直径约 5 厘米。单根重 300～400克,每 667 米² 产量 4 000～6 000 千克。心柱较细,皮、肉、心皆为鲜橘红色,鲜食脆甜,更适宜加工,是国内外少见的圆柱形三红胡萝卜,加工出口潜力巨大。具晚播早熟的优点,河南省鹿邑、温县、许昌等主产区 8 月 20 日左右播种仍可稳产丰收,可以灵活安排茬次,其他品种无法相比。

2. 郑参丰收红 郑州市蔬菜研究所继郑参 1 号胡萝卜后育成的又一具有开创性的三红棒状胡萝卜新品种。与郑参 1 号胡萝卜比较皮色更加鲜艳,口感更加脆甜,顶更小,畸形根更少,根毛更少,表皮更光亮,品质更优,商品性更佳,是鲜食与加工的理想品种。该品种中早熟,生育期约 105 天,肉质根近柱形,皮、肉、心柱均为红色,心柱细,商品率高,根长 20～25 厘米,根粗 5 厘米左右,单根重 300～400 克,每 667 米² 产量 4 000 千克左右,高产田可达6 000 千克以上。在河南省部分地区可用于春播,但须引种成功后再做推广。

3. 红芯 1 号 北京蔬菜研究中心培育出的黑田五寸类杂交种。该杂交种生育期约 100 天,早熟。三红品种,柱形,心细。根长约 21 厘米,直径 5～6 厘米。耐热、耐旱,适合胡萝卜主产区夏、秋季栽培。品质佳,是鲜食与加工的理想品种,抗病高产,每 667米² 产量 5 000 千克以上。

4. 红芯 2 号 北京蔬菜研究中心培育出的菊阳五寸类杂交种。该杂交种生育期约 100 天,早熟。三红品种,柱形,心细。根长 20 厘米,直径 5～6 厘米,平均单根重 250 克。耐热耐旱,畸形根率低。抗病高产,每 667 米² 产量 5 000～6 000 千克。

5. 红芯3号　北京蔬菜研究中心培育出的金港五寸类杂交种。该杂交种生育期约105天,中早熟,适合夏、秋季播种。品质佳,口感好,适合鲜食与加工兼用。三红品种,柱形,心细。根长约20厘米,直径约5厘米,每667米² 产量5 000千克以上。

6. 红芯4号　北京蔬菜研究中心培育出的杂交种。该杂交种地上部分长势较旺,叶色浓绿。生育期100~105天,冬性强,不易抽薹。肉质根尾部钝圆,外表光滑,皮、肉、心鲜红色,形成层不明显。肉质根长18~20厘米,直径约5厘米,单根重200~220克。耐低温,低温下膨大快,抗逆性强,每667米² 产量4 000千克左右。适合春季播种。华北地区春播一般在3月下旬至4月初进行,大棚保护地可在2月下旬至3月上中旬进行,其他地区春播可参照当地气温适期播种。

7. 红芯5号　北京蔬菜研究中心培育出的杂交种。该杂交种叶色浓绿,地上部分长势旺,抗抽薹性较强,生育期100~105天。肉质根光滑整齐,尾部钝圆,皮、肉、心鲜红色,心柱细;肉质根长约20厘米,直径约5厘米,单根重约220克,每667米² 产量4 000~4 500千克。胡萝卜素含量较高,为新黑田五寸的2~3倍,每千克胡萝卜含胡萝卜素110~120毫克。干物质含量高,口感好,适于鲜食、脱水与榨汁等加工用。适合春季播种,播期与红芯4号大致相同。

8. 红芯6号　北京蔬菜研究中心培育出的杂交种。该杂交种地上部分长势强而不旺,叶色浓绿。生育期105~110天,抗抽薹性极强,适合我国大部分地区春季露地播种或南方地区小拱棚越冬栽培。肉质根光滑整齐,柱形,皮、肉、心浓鲜红色,心柱细,口感好。肉质根长22厘米左右,直径约4厘米,单根重约200克。每667米² 产量约4 000千克。胡萝卜素含量为新黑田五寸的3~4倍,每千克胡萝卜含胡萝卜素140~170毫克,其中β-胡萝卜素含量100~120毫克,是适合鲜食与加工的理想品种。

9. 京红五寸　北京蔬菜研究中心培育出的黑田五寸类杂交种。生育期约 100 天,中早熟,三红品种。根长 18～20 厘米,直径 5～6 厘米,柱形。品质好,抗病性强,产量高,每 667 米² 产量 5 000 千克以上,适合夏、秋季栽培。

10. 夏优五寸　北京蔬菜研究中心培育出的鲜红五寸类杂交种。生育期约 100 天,中早熟,三红品种。耐热耐旱,抗病性强,适合夏季播种。产量高,品质好,柱形,根长 20 厘米左右,直径约 5 厘米,单根重约 250 克,每 667 米² 产量 4 500 千克以上。

11. 改良夏莳五寸　北京蔬菜研究中心培育出的夏时鲜红类杂交种。三红品种,生育期 100～105 天,中早熟。根形整齐一致,柱形,心细,口感好。根长 20 厘米左右,粗约 5 厘米,单根重约 260 克。品质极佳,是鲜食与加工的理想品种,每 667 米² 产量达 5 000 千克以上。耐热耐旱,适合大部分地区夏、秋季播种。

12. 春红 1 号　北京蔬菜研究中心培育出的春时金港五寸类杂交种。生育期 100～150 天,冬性强,适合春季播种,也可夏、秋季种植。根部膨大快,着色早。肉质根柱形,皮、肉、心鲜红色,心柱细,根尾部钝圆。根长 18～20 厘米,直径约 5 厘米,单根重 200～220 克。品种适应性强,口感好,每 667 米² 产量 4 000～4 500 千克。华北地区在 3 月下旬至 4 月初露地播种。

13. 春红 2 号　北京蔬菜研究中心培育出的红福五寸类杂交种。生育期 90 天左右,为早熟品种。根形整齐,柱形。外表光滑,皮、肉、心均为鲜红色。根长 18 厘米左右,直径 5～6 厘米,是适合春夏栽培的早熟耐热三红品种。品质佳,口感好,适合鲜食与加工用。每 667 米² 产量 3 500～4 000 千克,适合我国大部分地区春播栽培。华北地区北部春露地栽培可在 4 月初进行,华北地区南部春露地宜在 3 月下旬播种。

14. 迷你指形胡萝卜　北京蔬菜研究中心选育。叶片长势弱,叶色浓绿,叶片直立,肉质根呈小圆柱形,根长约 10 厘米,直径约 1.5 厘米,生长期 70 天左右,为极早熟的袖珍迷你指形胡萝卜。表皮光滑,皮、肉、心柱呈鲜红色。心柱细,水分多,肉质细腻,口感脆甜,可作为特菜生食。抗抽薹性极强,适合春、秋季露地种植,或秋、冬、春季保护地栽培,气候温和地区可四季栽培。

15. 天红 1 号　天津市园艺工程研究所选育的三系配套杂交种。适于夏、秋季种植。植株生长势强,株高 52.4 厘米,叶丛直立、深绿,有 8～11 片叶。肉质根根形整齐,表皮光滑,呈圆柱形,根尖圆形,表皮、韧皮部、髓部均为红色,根长 16.73 厘米左右,直径约 3.18 厘米,单根重 121.82 克左右。质脆,味甜,口感好,特别适合鲜食和加工。生长期 100～105 天,每 667 米² 留苗 28 000～30 000 株,平均每 667 米² 产量 3 410.96 千克。

16. 天红 2 号　天津市园艺工程研究所培育的三系配套杂交品种,脱水干制专用品种。主要特点是肉质根干物质含量高达 12% 以上,颜色深红,产量高,适合夏、秋季种植。植株生长势强,株高 60～65 厘米,叶丛直立、深绿,有 8～10 片叶。肉质根根形整齐,表皮光滑,呈圆柱形。根尖圆形,表皮、韧皮部、髓部均为红色,根长 18～20 厘米,直径 3～4 厘米,单根重 150～160 克。每千克鲜胡萝卜含胡萝卜素 100～110 毫克,质脆,味甜。生长期 100～105 天,每 667 米² 留苗 28 000～30 000 株,产量 4 000 千克左右。

17. 天红 3 号　天津市园艺工程研究所培育的三系配套杂交品种,鲜食专用品种。主要特点是肉质根具透明感,肉质根根形整齐,表皮光滑,呈圆柱形,口脆甜,属小型精美的水果型蔬菜,适合春、夏、秋季种植。植株生长势中等,株高约 45.21 厘米,叶丛半直立、深绿,有 8～10 片叶。根尖圆形,表皮、韧皮部、髓部均为橙红色,根长 16～17 厘米,直径 2.2～2.6 厘米,单根重 60～80 克。每千克鲜胡萝卜含胡萝卜素 80～100 毫克,味甜,口感好。生长期 80～95 天,每 667 米² 留苗 30 000～35 000 株,产量 2 500 千克左右。

18. 天红五寸参 天津市园艺工程研究所培育的三系配套杂交品种,鲜食及加工专用品种。植株生长势强,株高 55 厘米,叶丛直立、深绿,有 8～9 片叶。肉质根根形整齐,表皮光滑,呈圆柱形,根尖圆形。表皮、韧皮部、髓部均为橘红色,根长 17 厘米左右,直径 3.5～4.0 厘米,平均根重 160 克,生长期 100～110 天。每 667 米² 留苗 28 000～30 000 株,产量 4 000 千克左右。

19. 新红 天津市蔬菜研究所育成的鲜食、加工两用品种。中早熟,耐热,生长期约 100 天。单株 10～12 片叶,叶片深绿色。肉质根长圆锥形,长 18～20 厘米,最大直径 4.5 厘米,单根重 160克左右。肉质根表面光滑,橙红色,心柱较小,味甜。生食、熟食、加工均宜。每 667 米² 产量 3 000 千克以上,适合华北、西北地区种植。

20. 红兴 巴西引进品种。肉质根根长 21～23 厘米,直径约 6 厘米,单根重 350 克左右。表皮光滑,颜色深红,根颜色内外一致的三红品种。侧根少,不易裂根,高产、抗病,膨大快,有蜡层,外形均匀,肉质细嫩,适合出口和长途运输,生育期 130～170 天。

21. 扬州红 1 号 江苏农学院园艺系从日本引进的新黑田五寸杂种后代中经多代系选育而成。中晚熟,生长期 100～120 天。生长势强,适应性广,耐寒,较耐盐碱土,抗根腐病。株高约 55 厘米,叶绿色,7～9 片。肉质根长圆柱形,长 14～16 厘米,直径 3.3厘米左右,单根重 95～105 克。皮、肉、心柱均为深橙红色,色泽均匀,心柱较细,味甜多汁,每 100 克鲜重胡萝卜素含量 5～6 毫克,品质优。适宜鲜食、熟食和脱水菜加工。适合在全国各地秋栽,每 667 米² 产量 3 500～4 000 千克。

22. 四季胡萝卜 江苏省农业科学院蔬菜研究所从日本引进品种中筛选出的新型胡萝卜品种。它具有春季晚抽薹、生长快的特点,生长期 100～120 天。肉质根圆锥形,皮、肉均为橙红色,心柱细,色泽美观。适合鲜食和加工。适合春播,配合设施栽培可周年生产。

23. **新透心红**　陕西省宝鸡农业学校从地方品种中选育而成。叶片短小而少,叶簇半直立,成株叶柄基部带淡紫色。单株12~14片叶,肉质根圆柱形,长16.5厘米以上,直径3~4.5厘米,单根重82.6克左右,上下粗细一致,表面光滑,皮色红,心柱较细,橘红色。肉质脆嫩,商品性状好。抗逆性强,抗旱,抗糠心,抗病毒病、黑腐病、软腐病,株高约35厘米。中早熟,春播生育期120~130天,夏播生育期95~100天,每667米² 产量4 000千克左右。

24. **春红五寸**　日本最新育成的三红(心红、肉红、皮红)春播早熟品种。播后100天左右可顺次采收。外表光滑,根形整齐美观;耐寒、抗病,不裂根,不抽薹,产量高。适应性广,极易栽培。

25. **新黑田五寸人参**　日本引进品种。该品种属早熟耐热品种。根长大于17厘米,直径大于3.5厘米,根重350克左右,适于夏季播种,10月底便可收获,直到翌年3月,不抽薹,不老化。每667米² 产量一般2 500千克左右,高产可达3 500千克以上。

26. **改良黑田五寸人参**　日本引进品种。该品种耐热,根长约22厘米,单根重约350克,红皮、红肉、红心,根部心小。根形整齐,畸形根少,须根细少,心细色佳,品质佳。根部肥大快速,产量高,播种后100~120天始收,每667米² 产量4 000~6 000千克。

27. **高崎黑田五寸胡萝卜**　日本引进品种。根形整齐,长20~22厘米,直径4.5厘米左右,很少裂根、曲根,根肩小,尾中收尖好,大致呈圆柱形,着色浓,红肉、红皮,抗病耐暑。宜于春秋季播种,播后110~120天收获,肉质根重达300克左右,每667米² 产8 000千克以上,属高产增收型品种。与一般黑田五寸人参胡萝卜相比,其突出优点是根肩小、糖分多、产量高,属鲜食及加工脱水型新品种。

28. **超级黑田五寸人参**　日本引进品种。肉质根橙红色,柱形,收尾好,皮、肉、中心柱色泽一致,三红率高,根长 20 厘米左右,直径 5 厘米左右,单根重 350 克左右,表皮光滑,质脆嫩,味甜汁多,品质优良,是鲜食、脱水加工的优良品种。适应性广,耐暑性强,适于春夏秋播种栽培,一般播后 100～110 天收获。产量高,商品性好,每 667 米² 产量 4 000～5 000 千克。

29. **特选黑田五寸人参** 日本引进品种。长势旺盛,早熟性好,易栽培。表皮光滑,肉质根长 18～22 厘米,直径 5～6 厘米,中柱小,单根重 200～300 克。播后 100～110 天收获,高产,适合鲜食或加工。

30. **托福黑田五寸** 日本引进品种。耐热抗病,生育期 105～120天。肉质根长 20 厘米,单根重 300 克左右。根皮色、肉色和心柱均呈鲜红,是市场性极佳的夏季专用品种。

31. **高冠黑田五寸** 日本引进品种。根形整齐,肉质根圆柱形,长 20～22 厘米,直径 4.5 厘米左右,裂根少,根肩小,尾部收尖好。着色浓重,红心、红肉、红皮,抗病耐热,宜于晚春、夏、秋季播种。播种后 110～120 天肉质根重达 300 克左右,产量高,是鲜食及加工脱水型胡萝卜新品种。

32. **日本红勇人 2 号** 日本引进品种。株高约 48 厘米,开展度约 56 厘米,株型较直立,不易相互遮阴,叶小、淡绿色,抗叶枯病。单株总叶片数 14～16 片,根长 18～20 厘米,根重达200～250克,形状近圆筒形,收尾良好,外皮、果心浓鲜红色,三红率高,口味佳,耐贮运,商品性好,不易出现根部青头现象。生长期 105 天左右,每 667 米² 产量 2 650.1 千克左右。

33. **金港五寸** 日本引进品种。生长势强,耐病,耐热。叶簇直立,叶色深绿,叶柄有茸毛。肉质根圆柱形,上部稍粗,尾部钝圆。表皮光滑,皮、肉均橘红色,心柱较细。肉质细密,味甜,水分适中,品质佳,生、熟食皆宜。平均单根重 200 克,生长期 90～100天,每 667 米² 产量 3 000 克左右。春、夏季均可栽培,春季栽培不易抽薹。

34. 春茜鲜红五寸　从日本引进的耐抽薹春、秋兼用种。肉质根鲜红色,根形好,整齐度高。根长约 20 厘米,单根重 200～250 克,不易出现青头。商品性良好,最适合春播,也可用于夏播。

35. 菊阳五寸人参　日本引进品种。根圆筒形,长 18～22 厘米,直径 5～6 厘米,单根重 180～250 克。肉质根深橙红色,红心红肉,肉质细嫩,清脆香甜,品质好。抗黑斑病,抗热性强。全生育期 100～110 天,适合夏、秋栽培。

36. 红誉五寸　日本引进品种。皮、肉、心均为红色,品质优。肉质根长约 20 厘米,直径约 5 厘米,单根重约 250 克。生长期 90 天左右。一般每 667 米^2 产量 2 500 千克左右。适合早春栽培,是鲜食和加工兼用品种。

37. 红盛三红五寸　澳洲最新选育的胡萝卜品种。植株生长势强,叶色浓绿,肉质根长 20～22 厘米,上部直径 4.5 厘米左右。根长圆柱形,尾部钝圆,表皮光滑,畸形根发生率低。根色橙红,三红率极高,糖及各种矿物质营养成分含量高,肉质细嫩,品质极好。耐寒性强,春季栽培不易抽薹,是春、秋两季栽培的理想品种。

38. 鲜红五寸　韩国兴农种子公司的胡萝卜汁专用优良品种。早熟,肉质根圆筒形,直径 3.6～4.5 厘米,根长 15～17 厘米,单根重 150～170 克。根皮光滑,根色深鲜红,着色均匀,商品性极佳。生长速度较快,抗寒性强。

39. 红丽　圣尼斯种子公司一代杂交种。中早熟,早春栽培的晚抽薹胡萝卜品种。肉质根长 17～20 厘米,单根重 200～250 克。肉质根圆筒形,深橘红色,颜色好,须根少,抗病性强,适应性广。

40. 大阪三红七寸参　日本引进品种。根长 18～24 厘米,直径 4～6 厘米,单根重 300～600 克。肉质根圆柱形,红皮、红肉、红心,不裂根,不开叉,品质优,口感极佳,适合保鲜出口,春秋两季栽培的优秀胡萝卜品种。抽薹晚,生育期 100 天左右,每 667 米² 产量 4 000～6 000 千克。

41. 美国助农七寸 美国引进品种。根长 23～25 厘米,直径 5 厘米左右,单根重 300～400 克。根圆柱形,肉、心、皮深红色,表皮光滑,有光泽,商品性佳,品质优,肉质较韧,耐运输,适合加工、冷冻出口。长势强健,耐热耐寒,耐旱耐湿,极抗病,易栽易管。中早熟,播种后 110～150 天可采收,每 667 米² 产量 6 000 千克左右。

42. 美国助农大根 美国引进品种。根长 22～25 厘米,直径约 5 厘米,单根重 300～500 克。根部肥大,心柱细,形状丰满,皮色鲜红,光滑美观,不易裂根。生长强健,耐热耐寒,在不良的气候环境下,能正常生长。中晚熟,播种后 120～160 天可收获,每 667 米² 产量5 000～6 000千克。

43. 美国高山大根 美国引进品种。根长 22～25 厘米,直径 5～6 厘米,单根重 300～400 克。根部肥大,心柱细,圆柱形,肉、心、皮呈鲜红色,光滑美观,形状丰满,商品性高,不易裂根。适应性强,耐寒耐热,不易老化,特耐抽薹,播种后 110～120 天即可开始采收,如市场需要,可延期到 180 天采收,产量更高。一般每 667 米² 产量5 000～7 000 千克。

44. 红心五寸人参 美国中熟品种。生长期 110 天左右,耐热,抗病性强,早期生长强盛,株高约 70 厘米。肉质根长约 14 厘米,最大直径约 6 厘米,单根重 200～250 克。根肉及心柱均为红色,品质好,昧甜,鲜食、加工均宜。适合夏、秋播种。

45. 红心七寸参 美国进口中晚熟品种。皮肉橘红色,单根重 300～500 克,长 20～25 厘米,直径 7～9 厘米,品质好。在我国广泛种植,表现佳。

46. 超甜小胡萝卜 小型生食品种。根圆筒形,播种后 60～80 天收获,根长 12～14 厘米,直径 1.3～1.6 厘米,单根重 20～25

克,肉色鲜红,肉质细密、甜脆,是餐桌上的美容健康食品。

47. 黄胡萝卜　南京地方品种。植株半直立,株高约 47 厘米,开展度约 40 厘米。叶片绿色,三回羽状复叶,裂片披针形。肉质根长尖圆锥形,长 22 厘米左右,直径 4.2 厘米左右,单根重约 150 克,皮、肉皆橙黄色,尾部钝尖。中晚熟,较耐寒。味甜、汁多、脆嫩,宜煮食。生长期 120～140 天。每 667 米^{2}产量 2 000 千克左右。

48. 南京长红　南京著名地方品种。植株半直立,株高约 49.4 厘米,开展度约 49.8 厘米。叶片深绿色,三回羽状复叶,小叶细碎,狭披针形,有茸毛。叶柄绿色,基部带紫色,有茸毛。肉质根长圆柱形,尾部钝尖,根长约 35 厘米,直径约 25 厘米,单根重约 250 克。皮、肉均为橘红色,心柱细,韧皮部肥厚。肉质致密,汁少。晚熟,稍耐热、耐旱,抗病。宜生食、熟食、腌渍和脱水加工。生长期 150～180 天。每 667 米^{2}产量 2 000～3 000 千克。

49. 烟台五寸　山东省烟台市郊区地方品种。叶丛直立,叶绿色。肉质根呈短圆锥形,长 15～20 厘米,肉质根、皮均呈橘黄色。肉质紧密,味甜,含水量中等。该品种适应性较强,宜于春播,生长期 70 天左右。

50. 蜡烛台　又叫济南红、大红顶,济南市郊区地方品种,北京、河北、山西等省均有栽培。叶绿色或淡绿色,较宽,长势强,晚熟。肉质根长圆锥形,长 40～45 厘米,最大直径 4 厘米,单根重 320 克左右。表皮光滑,皮、肉均鲜红色,心柱略呈黄色,肉质细密。产量高,适合腌渍,耐贮藏。

51. 西安齐头红胡萝卜　西安市农家品种。植株半直立,高约 50 厘米。叶绿色,叶长 45～60 厘米。肉质根圆柱形,长18～23厘米,直径 3.3～4.0 厘米,尾端钝圆,皮、肉鲜红色。心柱直径 0.3～1.0 厘米,黄色。单根重 200 克左右。

52. 小顶金红　辽宁省辽阳市农家品种,北方地区均有栽培。

叶簇直立,长势强,叶绿色,叶面有茸毛。肉质根长圆锥形,长30～35厘米,直径3～4厘米。皮、肉均为橙红色,心柱细小。侧根少,耐旱、耐贫瘠、耐贮藏。

53. 黄金条 江西省龙南县农家品种。肉质根长圆锥形,表皮光滑,皮和肉均为黄色。心柱细小,肉质细密,爽脆味甜。每667米² 产量1500千克左右。主要供加工用。

54. 齐头黄 内蒙古自治区西部农家品种。叶簇直立或半直立,绿色。肉质根短圆柱形,部分露出地面。皮、肉、心柱均黄色,肉质根头部黄绿色,表面光滑,长16～20厘米,直径5～7厘米,心柱直径2.5～3.5厘米。肉质根单根重350～400克,生长期120～130天。适应性强,病虫害少,较耐寒、耐旱、耐贮运。

55. 潜山红胡萝卜 安徽省潜山地方品种。生长势较强,叶长20～30厘米,植株14～16片叶。肉质根长圆锥形,小圆顶,根长约30厘米,直径3～4厘米,单根重150～200克。皮、肉均为橙红色,汁少,味甜,肉质细密。适合秋季栽培,生长期约120天。适合制胡萝卜丝。

56. 新胡萝卜1号 新疆石河子蔬菜研究所从地方品种中选育成的鲜食和加工兼用型品种。生长势强,株高50～60厘米,叶色深绿,叶面有茸毛。肉质根圆柱形,长14～16厘米,直径4～5厘米,单根重120～140克。表皮光滑,畸形根少,皮、肉、心柱均为橙红色。质地脆甜,水分适中,耐贮藏。生长期100～110天,每667米² 产量3500千克左右。适合新疆维吾尔自治区春、秋两季播种。

57. 西宁红 青海省西宁市种子管理站从地方品种中选育而成。叶簇半直立,株高约35厘米,叶片长达60厘米。叶柄上着生较密的白色茸毛。肉质根长圆柱形,长约15厘米,直径约4.5厘米,单根重210克左右。根皮红色,较光滑,心柱较细。抗寒性、抗旱性较强,不易抽薹。每667米² 产量4500～5000千克。适合青海地区春播。

58. 小顶黄胡萝卜　又名细心黄,山西省河津市地方品种。生长势强,抗病性强,植株 13～15 片叶。肉质根圆筒形,长 18 厘米左右,直径 5 厘米左右,单根重 250 克左右。外皮黄色,透亮,肉质根汁多味甜,生、熟食皆宜。生长期 120 天左右。

59. 菊花心　又名三寸长、汉川红,武汉市地方品种。叶簇直立,绿色,叶柄有茸毛。肉质根圆柱形,表皮光滑,皮、肉均橘红色,心柱外层与心柱之间有一轮黄色波纹,横切面似“菊花心”。适应性强,肉质松脆,水分较多,但耐贮性差。单根重 100～200 克,每 667 米² 产量 1 500 千克左右。生、熟食皆宜。

60. 长沙红皮胡萝卜　又叫炮筒子,湖南省长沙市地方品种。叶簇较直立,肉质根圆柱形,皮、肉均橙红色。长 18.2 厘米左右,直径 3.8 厘米左右,单根重 100 克左右。适合秋播,每 667 米² 产量 1 500～2 000 千克。

第四章　胡萝卜四季高效
栽培技术

　　胡萝卜属半耐寒性长日照植物,4℃～6℃种子即可萌动,但发芽慢,发芽最适温度为20℃～25℃。适时播种是获得胡萝卜高产、优质的重要条件之一。我国地域广阔,各地气候条件差异很大,播种期也大不相同。要根据胡萝卜植株生长期适应性强、肉质根膨大要求凉爽气候的特点,在安排播种期时,尽量使苗期在炎热的夏季或初秋,使肉质根膨大尽量在凉爽的秋季,这样胡萝卜生长好、产量高、品质优。

　　在设施栽培大面积普及的情况下,胡萝卜目前在全国各地均可栽培,有些地方一年四季均可栽培,但主要栽培模式仍是夏秋播栽培。本书里,主要讲解春播露地和设施栽培、夏秋播栽培(因夏播和秋播栽培技术类似,总结为夏秋播栽培)、冬播栽培和成功种植模式。各地区必须根据栽培品种特性特征、各地自然条件以及当地胡萝卜的预收期来确定具体播期。

　　胡萝卜主要是夏秋季露地栽培,各地几乎都能进行。北方地区一季生产半年供应,西北、华北地区多在7月播种,11月上中旬上冻前收获;东北及高寒地区,6月开始播种,其中东北南部在6月下旬至7月上旬,北部则在6月中下旬播种;胡萝卜可以从10月一直供应到翌年3～4月。江淮地区在7月中旬至8月中旬播种,长江中、下游菜区,一般在大暑与立秋间播种,以8月下旬为宜,稍迟可在处暑播种,晚秋至翌春收获。华南地区在8～10月间播种,翌年2～3月收获。高海拔地区应于5～6月播种,8～10月收获。

春播胡萝卜春播夏收,收获季节正好是胡萝卜销售淡季,现在全国很多地方都有栽培,效益可观。播种期的选择以当地地表下5厘米地温稳定在8℃～12℃时为宜。春播设施栽培一般采用大棚、小拱棚、地膜等,播种期比露地可提早15～20天。各种保护地设施播种早晚的顺序是日光温室、塑料大棚(内有覆盖物)、塑料大棚、小拱棚,1～4月播种,5～7月采收。北方地区春季地膜加小拱棚或大棚设施栽培1月下旬至2月初播种,4月下旬至5月初收获;春季地膜覆盖栽培,2月下旬至3月初播种,5月中下旬至6月收获。春播露地一般3～4月播种,6～7月采收;西北、东北等高寒地区可在4月下旬至5月上中旬播种;华北地区北部在4月初播种,南部在3月下旬播种;京津地区为3月下旬至4月上旬;华中、华南地区为3月上旬;长江中下游地区为3月中下旬至4月上旬,上海地区为2月下旬;南方地区可适当早播。春播播种如果过早,土温太低,发芽迟缓,幼苗生长不健壮,还易发生先期抽薹;播种过晚,则生长后期易遇高温暴雨。

　　冬播胡萝卜主要在南方广西、福建、云南等地,一般10月底至11月播种,翌年2～3月采收。冬播大棚覆盖栽培胡萝卜,可在10～12月播种,翌春2～5月收获。

一、胡萝卜不同栽培模式的相同技术要求

　　胡萝卜不同栽培模式对土壤、前茬、种子、播种、栽培方法和间苗定苗的要求基本相同,具体要求如下。

(一)土壤选择

　　胡萝卜属根菜类蔬菜,首先要选择土壤环境好、无污染的区域发展。宜选择土壤肥沃深厚、土质疏松、富含有机质、地势较高、排

灌方便的壤土或沙壤土,pH 值 5～8。如果在质地较黏重的土壤上种植,需要增加农家有机肥的用量,或在翻耕时施入一定量的草木灰。

(二)前茬要求

适合胡萝卜栽培的前茬应是非伞形花科蔬菜,最好不与根菜类蔬菜轮作,以防根结线虫的发生。以前茬种过禾本科及葱蒜类、辣椒、苜蓿、花生的地块种植效果较好。前茬可以选择辣椒、早熟甘蓝、番茄、洋葱、大蒜、豆类、苜蓿、花生或大田作物如小麦、玉米等。比如河南省前茬多为玉米;吉林播种前可种一茬覆地膜豌豆或菜豆;江苏省前茬多为玉米茬或西瓜后茬。

(三)种子选择

胡萝卜种子发芽率较低,主要跟种子特性有关。一是胡萝卜种子种皮革质,吸水性差,发芽比较困难。二是由于开花时的气候影响,往往部分种子无胚或胚发育不良,造成发芽率较低,一般只有 70% 左右。三是胡萝卜种子胚很小,生长势弱,发芽期长,出土能力差。四是胡萝卜种子收获偏晚,有些地区夏播没有新种子可用,只能用隔年的陈种子,发芽率会更低;即使用新种子,但新种子有一段休眠期,发芽率也较低。五是气候因素,春播时土温低,夏播时气候炎热,蒸发量大,土温高,易干燥,不能较好保证胡萝卜发芽的合适环境条件。这些因素都造成胡萝卜发芽迟,发芽率低,而造成缺苗影响产量。

胡萝卜种子一般寿命 4～5 年,适用期 2～3 年,买种子时尽量选经过脱毛处理过的干净光籽。种子千粒重一般为 1.2～1.5 克,品种不同,千粒重会有差异。播种要选用新鲜种子。新陈种子可通过闻气味、观察种仁颜色来辨别:新种子有辛香味,种仁白色;陈种子无辛香味,种仁黄色或深黄色。买种子时要注意包装上的种子纯度和发芽率,以确定种子用量。一般播种时每 667 米² 用种量条播 0.3~1 千克,撒播 0.75~1.5 千克,点播 0.2~0.5 千克,也可以先做发芽率试验来确定。

据报道,目前市场上有丸粒化胡萝卜种子,是指将胡萝卜种子用肥料、杀虫剂、杀菌剂等材料做成直径大约 3 毫米的小丸的加工后的种子。其优势是种子发芽率高,一般在 95% 左右。由于种子质量高,再加上肥料和杀菌、杀虫剂的作用,秧苗的长势特别强,可比裸种子种植的胡萝卜提前 6 天左右收获上市,产量提高 10% 以上。

(四)浸种催芽

胡萝卜可以直播,也可以浸种催芽播种。春播地温低,不易出芽,生产上宜采用浸种催芽,方法如下。

1. **温水浸种催芽**　最常用的浸种催芽法。方法是将优质的干净的新鲜种子放入 30℃~40℃温水中浸种 3~4 小时,捞出后放在湿布中,置于 20℃~25℃条件下恒温催芽,保持种子湿润,一般 12 小时用温水冲洗 1 次,2~3 天后待 50%~80% 的种子露白后即可拌湿沙播种。

或者将种子放入 50℃~55℃温水中浸泡 25 分钟消毒,捞出在清水中浸泡 8~12 小时。然后沥干水分,用纱布包好,放在 20℃~25℃条件下催芽 5~7 天,定期冲洗种子,使温湿度均匀,当 50% 种子露芽即可播种。

2. **干湿交替法催芽**　将种子放入容器内,种子量不超过容器的 2/3,在容器内注入种子量 70% 的水,充分搅拌,使种子浸水一致,加盖封闭 24 小时,然后再把种子平铺在报纸上,在室内任其自然干燥。干湿处理 1 次约 2 天时间,如此处理 2 次,效果最好。处理后的种子可直接播入大田。

3. **药剂法浸种催芽**　选用优质、饱满的种子,一是用 10% 磷酸三钠溶液浸泡 20 分钟,捞出洗净,置于 28℃～30℃条件下催芽,同时注意每天用清洁温水冲洗 1 次,待种子大部分露白后即可播种。二是用 75％百菌清可湿性粉剂 800 倍液或 50％多菌灵可湿性粉剂 500 倍液浸种 30 分钟,捞出冲洗干净,再浸入清水中3～4 小时,沥干后在 25℃条件下保湿催芽。催芽期间每隔 12 小时用清水将种子冲洗 1 次,4～5 天有大部分种子露白即可播种。三是用 25％过氧化氢溶液浸种 20～30 分钟,捞出后用清水冲洗干净,用湿布包好催芽,待大部分种子露白后,与少量草木灰、细沙混匀播种。为提高发芽率,还可以用 50 毫克/千克赤霉素或硝酸钾溶液代替清水处理种子,效果更好。

(五)播种方法

胡萝卜播种方法有撒播、条播、点播,也有地方采用机械播种。

1. **撒播** 将种子(可与湿沙或小白菜种子混合)均匀撒播于畦面。这种方法播种比较省工,但用种量偏大。每 667 米² 用种量0.75～1.5千克,也可以先做发芽试验来确定用量。一般行株距为 10～12 厘米。

2. **条播** 在畦内或垄上划沟,顺沟播种,覆土厚度 1 厘米左右,压实。这种方法用种量较少,后期间苗也比较方便,但就是比较费工。每 667 米² 用种量 0.3～1 千克。一般行距为 15～20 厘米,株距中小型品种为 10～12 厘米,大型品种为 13～15 厘米。

3. **点播** 在畦内或垄上划沟或开穴,顺沟按株距每穴播种4～6粒。每 667 米² 用种量 0.2～0.5 千克,比条播用量少。行株距同条播。

4. **机械播种** 适合种植面积大时采用,播前调试好农机具,以确保下籽均匀,每 667 米² 用种量 0.45～0.5 千克,掺种子量 5 倍的细沙或干锯末混播。行距 25～30 厘米,播深 1.5 厘米左右。播后用轻型机具镇压。

播种后,可以在畦面或垄面覆盖适量的秸秆或稻草,既可以保墒,又可以防止雨水冲刷土壤而造成出苗不整齐、不均匀。夏播温度高时,可在垄上或畦上搭遮阳网遮阴,促进早出苗。

(六)栽培方法

每种作物的栽培方法都要根据其生理特点和种植地气候、土壤等环境条件来确定。只有栽培方法适合,才能科学地创造作物适合生长的环境,得到高产优质的农产品。胡萝卜栽培时要整地做畦,目的主要是控制土壤中的含水量,便于灌溉和排水,对土壤的温度和空气条件也有一定的改进作用。栽培方法一般有平畦、高畦和高垄栽培。

1. 平畦　指在地耙平后,不做畦沟或畦面,即平地面。适合于排水良好、雨量均匀、不需要经常灌溉的地区。平畦可以节约工作量,节约畦沟所占的面积,提高土地利用率,增加单位面积产量,多在北方采用,南方多雨地区不宜采用。栽培方法:地耙平以后,起畦,平畦宽1~1.5米,长度随地况而定;不要过长,太长整平畦面不容易,浇水也不方便。畦面要平整,表土要细碎。

2. 高畦　畦面高于地面。能够提高土壤温度,降低土壤表面湿度,增厚耕作层。畦面一般宽1~3米,高15~20厘米,畦面较宽时可以在中间开一浅沟,便于操作和排水。长江以南降雨充沛、地下水位高或排水不良的地区,多采用此法。

3. 高垄　可以说是一种狭窄的高畦。能够增厚耕作层,提高土壤温度,便于操作和灌溉排水,较其他栽培方式更有利于提高胡萝卜商品性。例如土层较薄、多湿、排水稍差、土壤质地较黏重的地块,就宜做高垄。北方地区平畦栽培虽然比较省人力,单位面积产量较大,但胡萝卜产量一般,而且不太稳定,商品性不及高垄栽培。高垄栽培垄上播种相对加深了肉质根生长的土层深度,而且叶下部空气流通,在雨水多时利于排水降湿,避免渍害,增加土壤透气性、通风性能也好,能使胡萝卜裂根减少,商品率高、优质高产;整地、打埂时便于机械化播种、管理和收获,省时省工。春播如果再覆盖地膜则更有利于前期提高土壤温度和保持土壤湿度,促进幼苗生长。因此,目前北方和南方大部分地区都提倡高垄栽培。栽培方法:起垄,通常垄距50~60厘米,垄顶宽30~40厘米,高15~20厘米。踩实垄面后,用耙子搂平,表土要细碎。每垄条播2行,行距15~20厘米,开沟深2~3厘米,播种,覆土1.5~2厘米厚,镇压;然后沿垄沟浇水,要浇透,但水不能漫过垄面,要达到垄面几乎能全部润湿,否则胡萝卜不容易出苗。

综合看,北方少雨地区多采用平畦、高垄栽培,南方多雨地区多采用高垄、高畦栽培,各地要根据具体情况决定胡萝卜栽培方法。

(七)间苗定苗

早间苗、稀留苗是胡萝卜高产的关键。如果间苗过迟、留苗过密,会使叶柄伸长,叶片细小,叶面积减小,光合能力降低,而且下层叶片易衰亡枯落,肉质根不能长大。所以,齐苗后,一般要间苗2~3次,1~2片叶时进行第一次间苗,去掉小苗、弱苗、过密苗、叶色特别深的苗、叶片过厚而短的苗,因为这些苗多形成畸形根,或肉质根细小,苗距为3~4厘米;在3~4片叶时间苗1次;4~6片叶时定苗,中小型品种苗间距为10~12厘米,大型品种为13~15厘米。

(八)田间除草

胡萝卜地苗期杂草多,要综合防除。

1. 农业措施 一是田地要深翻干晒,打碎平整,减少土壤中的杂草种子,来控制杂草的种群数。二是施用腐熟的有机肥,减少混在肥料中的杂草种子萌发对胡萝卜的危害。三是精选和浸泡胡萝卜种子,剔除混在其中的杂草种子。四是混播小白菜种子,既可以减少杂草对胡萝卜的危害,又可以采收速生性白菜,增加收入。五是胡萝卜生长过程中尽量人工除草,特别是间苗、定苗时进行人工除草。

2. 化学除草　规模化种植胡萝卜地区,若草害较重、人工不足时可进行化学除草。有3个除草适期:一是播前土壤处理,可用除草剂氟乐灵、仲丁灵等。二是播后苗前土壤处理,可用除草剂扑草净、禾草丹、利谷隆、豆科威、丁草胺等。三是苗后禾本科杂草3～5叶期进行茎叶处理,可用除草剂喹禾灵、吡氟禾草灵、高效氟吡甲禾灵、稀禾啶等。

常用除草剂的特征介绍如下。

(1)48%氟乐灵乳油　主要防除马唐、牛筋草、稗草、狗尾草、千金子等多种一年生禾本科杂草,对藜、蓼、苋等小粒种子的阔叶杂草有一定的防除效果,对莎草和多种阔叶杂草无效。用法:播前进行土壤喷雾处理,每 667 米² 用乳油 100～150 毫升,施药后混土 2～3 厘米深。

(2)48%仲丁灵乳油　可防除稗草、牛筋草、马唐、狗尾草等一年生单子叶杂草及部分双子叶杂草。用法:播前进行土壤喷雾处理,每 667 米² 用乳油 200 毫升,施药后混土 2～3 厘米深。

(3)50%扑草净可湿性粉剂　该药对一年生单、双子叶杂草均有良好防效,藜、苋菜、马齿苋对此药敏感,稗草、狗尾草、马唐和早熟禾在生长早期对此药敏感。用法:播后进行土壤处理,每 667 米² 用可湿性粉剂 100 克,也可以在胡萝卜 1～2 叶期用药。土壤湿度大有利于药效发挥。

(4)50%禾草丹乳油　防除多种一年生单子叶杂草,有稗草、牛毛草、三棱草、马唐、狗尾草、牛筋草、看麦娘等;双子叶杂草有蓼、繁缕、马齿苋、藜等。用法:播后苗前进行土壤处理,每 667 米² 用乳油 300～400 毫升。

(5)25%利谷隆可湿性粉剂 对单、双子叶杂草及某些越年生和多年生杂草都有良好防效,尤其对双子叶杂草防效更好。用法:播后苗前进行土壤处理,每667米^{2}用可湿性粉剂250~400克。施药后不要破坏土壤表层。

(6)20%豆科威水剂 可防除马唐、稗草、看麦娘、苋菜、藜等多种一年生禾本科杂草和部分阔叶杂草,对刺儿菜、苦荬菜等多年生杂草有一定抑制作用。用法:播后苗前每667米^{2}进行土壤处理,用水剂700~1000毫升。

(7)50%丁草胺乳油 防除以种子萌发的禾本科杂草、兼治一年生莎草科及部分一年生阔叶杂草,如稗草、千金子、异型莎草、碎米莎草、牛毛毡等。对鸭舌草、节节菜、尖瓣花和萤蔺等有较好的预防作用。每667米^{2}用乳油100~150毫升对水50升进行喷雾。

(8)33%二甲戊灵乳油 主要防除单子叶杂草。每667米^{2}用乳油150~200毫升对水40~50升喷雾,沙质土壤必须用低剂量。

(9)10%喹禾灵乳油 可防除禾本科杂草如稗草、牛筋草、马唐、狗尾草等,对阔叶杂草无效。用法:苗后禾本科杂草3~5叶期,每667米^{2}用乳油50~70毫升茎叶喷雾。

(10)35%吡氟禾草灵乳油 对防除禾本科杂草有特效,对阔叶杂草无效。用法:苗后禾本科杂草3~5叶期,每667米^{2}用乳油75~125毫升茎叶喷雾。

(11)20%稀禾啶乳油 对防除禾本科杂草有特效,对阔叶杂草无效。用法:苗后禾本科杂草3~5叶期,每667米^{2}用乳油100~125毫升茎叶喷雾。

(12)10.8%高效氟吡甲禾灵乳油 对防除禾本科杂草有特效,对阔叶杂草无效。可防除牛筋草、马唐、稗草、狗尾草等一年生禾本科杂草。用法:苗后禾本科杂草3~5叶期,每667米^{2}用乳油20~35毫升茎叶喷雾。

正确使用除草剂注意事项：查清当地农田的杂草种类，选择合适的除草剂。要认真阅读除草剂对胡萝卜的用量范围，应取低剂量或中等剂量，禁用高剂量。根据除草剂种类进行土壤或茎叶喷雾处理，选择晴朗无风的天气为好，避免在高温时间喷洒，喷药次数以一次为佳，喷洒要均匀。喷药时必须保持畦面湿润，以便于形成药膜，最大限度发挥除草剂的药效。

如果胡萝卜幼苗发生了除草剂药害，而且发现早，可以迅速用大量清水喷洒叶面，反复喷洒2～3次；或者迅速灌水，防止药害范围继续扩大。还可以迅速增施尿素等速效肥料，以增强胡萝卜的生长活力，加速其快速恢复的能力。

二、胡萝卜高效栽培模式

(一)春播胡萝卜栽培技术

春播胡萝卜管理技术要求较高，栽培的关键是要选用早熟、丰产、耐抽薹的品种，适时播种，加强管理，防止或延缓先期抽薹。无公害栽培关键技术如下。

1. 播期及品种选择 不管是露地还是设施栽培都要选用高产、优质、耐寒性与抗抽薹性强、抗病的中早熟品种。笔者将各省市资料报道汇总如表1，仅供参考。

表1　各地胡萝卜春播播期、收获期及适栽品种

地区	春播播期	收获期	适栽品种
吉林	露地4月下旬至5月上中旬	8月初	红誉五寸、新黑田五寸人参、红芯4号、春红1号等
辽宁	大棚3月下旬;露地4月中旬	大棚6月中旬;露地7月中旬	新黑田五寸人参等
内蒙古	露地5月上旬;机播覆膜4月上旬	露地8月;机播7月上旬	新黑田五寸人参、春红1号、美国高山大根等
甘肃	露地4月;河西走廊中段地区播期5月中旬;大棚地膜穴播1月;小拱棚地膜穴播2月中旬;露地地膜穴播3月中下旬至4月初	露地9月中下旬;设施栽培4月下旬至7月初收	日本三红金笋、荷兰1076、1080、1070和日本新黑田五寸人参、美国佳红、三红五寸、春红五寸1号、红芯4号、改良黑田五寸人参等
新疆	小拱棚3月上旬;覆膜3月上中旬至4月初;露地5月上中旬至6月上旬	6~9月	新黑田五寸人参、春红五寸人参、新疆胡萝卜1号、美国七寸参、日本黑田五寸等
青海	覆膜播种4月上旬至5月上中旬;海晏县大棚播种4月中下旬;露地4月至5月初	7月底至10月中下旬	维他那系列胡萝卜、三红、新黑田五寸人参、一品红、日本五寸参、红芯4号、全胜胡萝卜、华育1号、华育3号、西安透心红七寸参等

续表1

地区	春播播期	收获期	适栽品种
河北	小拱棚、大棚覆膜播种2月上中旬；覆膜4月上中旬；露地4月中下旬；坝上地区春播5月下旬至6月上旬；北京大棚2月至3月上旬，春露地3月中旬至4月上旬	5～9月	日本黑田五寸、小顶红、红映2号、改良黑田五寸、红参王、新黑田五寸人参、红芯4号、春红1号、早春红冠、孟德尔、天红5号、春早红芯、四季红芯、超级红芯、红芯七寸、长城红明、映山红、旭光五寸、超级红冠五寸人参、日本春秋三红五寸人参等
河南	设施栽培1月下旬至3月中旬；覆膜2月下旬至3月中旬；露地3月中下旬	5月至6月下旬	里红五寸参、新黑田五寸人参；开封地区用尼亚加拉、牛顿、尼瑞姆；宁陵地区用日本新黑田五寸人参、红誉五寸、金港五寸等
山东	地膜加小拱棚1月下旬至2月初；春季地膜2月下旬至3月初；露地3月下旬至5月初	地膜加小拱棚4月下旬至5月初；春季地膜5月中下旬至6月；露地6～7月	超甜小胡萝卜、超级黑田五寸人参、改良黑田五寸人参、宝冠五寸人参、早春红冠、青选黑田五寸等
江苏	3月中下旬至4月上旬	6月底至7月初	红姑娘胡萝卜、新黑田五寸人参、扬州红1号、美国新三红、春宝玉、改良黑田五寸、宝冠五寸、夏莳五寸等
江西	2月下旬至3月中旬，3月初最好	6月下旬	广岛人参、韩国五寸等
安徽	3月中下旬	6月上中旬	新黑田五寸人参、孙圩红、改良黑田五寸等

续表 1

地区	春播播期	收获期	适栽品种
福建	2月下旬至3月中旬	6～7月	黄色胡萝卜、五寸人参、三寸人参、美国助农大根金笋、艳红2号、日本向阳2号、日本金笋636、新黑田五寸人参、红芯4号等
云南	4～5月	7～8月	黑田五寸系列等

2. 整地和施肥 前茬收获后,于冬前深翻,深耕25～30厘米。播种前结合施基肥再深耕1次,要求基肥均匀施入距表土6厘米以下土层,然后细耙2～3遍,使土壤疏松细碎。施肥应以基肥为主,追肥为辅。各地根据土壤肥力最好进行配方平衡施肥。一般每667米² 施腐熟有机肥3 000～5 000千克,另施化肥应因地制宜。如新疆有些地区常另施磷酸二铵15～20千克、硫酸钾12～15千克,或磷钾复合肥30千克、速效氮肥10千克;北京地区常另施硫酸钾复合肥50千克、钙镁磷肥50千克,或每667米²施三元复合肥50千克;甘肃有些地区常另施尿素30千克、过磷酸钙50千克、硫酸钾20千克,或尿素10千克、磷酸二铵50千克;河南地区常另施硫酸钾20千克、尿素20千克、过磷酸钙25千克,或另施三元复合肥50～100千克;云南有些地区常采用农家肥1 000千克、尿素15千克、过磷酸钙40千克、钾肥15千克(或三元复合肥50千克)、硼砂2千克。上述施肥量仅作参考。

3. 播种 选用当年的新鲜的脱毛后的干净种子播种。可以直播,也可以浸种催芽。因胡萝卜种子特性,种子发芽率较低,一般在70%左右,所以可浸种催芽后播种,以提高发芽率。一般采用温水浸种催芽法,待种子露白时即可播种。

可以畦栽,也可以垄栽。畦面和垄面的土壤要细碎平整。一般垄距 40~60 厘米,垄顶宽 25~30 厘米,垄高 15~20 厘米,垄沟宽 25~30 厘米,单垄双行种植。也有地区起宽垄,垄顶为 50~100 厘米,可以播种 2 行以上。高垄栽培胡萝卜肉质根商品性更好。垄上行距为 20~25 厘米,株距为 8~15 厘米。垄栽适合条播和点播;畦栽撒播、条播更好。

覆膜栽培可于播种后、喷过除草剂后,在垄面或畦面上覆盖地膜。覆盖地膜时可以不把播种沟抹平,这样播种沟可以为种子萌芽提供一个适宜的小环境,使幼苗不直接接触薄膜,温度低时防冻苗,温度高时防烧苗。

4. 田间管理

(1)间苗定苗 播后一般 7~10 天出苗。覆膜栽培的要等苗出齐后于无风的上午及时揭膜,以防伤苗。有的地区是在薄膜上顺行间隔 4~5 厘米划 1 个 10 厘米长的口,3~5 天后,顺行再划剩余的部分,目的是锻炼幼苗,提高幼苗的适应性。苗齐后,要早间苗、留匀苗,2~3 片真叶时第一次间苗,株距 3~5 厘米。间苗时剔除过密苗、弱苗、容易形成畸形根的幼苗(叶色深、叶片及叶柄密生粗硬茸毛、叶片多且短厚)。5~6 片真叶时定苗,株距 10~15 厘米。

(2)中耕除草 胡萝卜生长期间草多,可以人工拔除,也可以化学除草。播种前后要选用合适的除草剂喷洒。播种浇水后地面未干时,露地每 667 米² 喷施 150 毫升 50% 丁草胺 700 倍液除草,或用其他苗前用除草剂。苗后田间杂草 1~3 叶时,每 667 米² 用稀禾啶 100~120 毫升,对水 30 升均匀喷施。

胡萝卜间苗、定苗后均追肥浇水,然后中耕松土,保持地面疏松无板结,消灭杂草。一般中耕 2~3 次,有利于保墒、提温,促进根茎生长。原则上是"一遍浅一遍深,一次一次远离主根"。植株封垄前最后一次深中耕培土,防止根头外露变青,影响商品性。

（3）追肥浇水

①浇水　播种后要浇透水，至出苗前，如果土壤过于干旱，要浇1～2次水，保持土壤湿润，促使早出苗、出齐苗。出苗后，切忌土壤忽干忽湿。根据土壤情况，浇水3次以上。间苗和定苗后结合追肥浇水各1次。幼苗期少浇水，蹲苗，促进直根深入土层。叶片生长盛期，要适当控制浇水防徒长。根部生长旺期，均匀供水，有利于提高品质、获取高产。水分不匀，忽干忽湿，容易导致裂根。

②追肥　根据苗情，全生育期结合浇水追肥2～3次。第一次在间苗后；第二次在定苗后，每667米^{2}追施尿素15～20千克；第三次在肉质根膨大期（7～8片叶），结合浇水每667米^{2}追施尿素7～10千克、硫酸钾7～8千克，并叶面喷施微量元素肥料。或定苗后追施硫酸铵3千克、过磷酸钙3千克、钾肥3千克；肉质根膨大期追施硫酸铵7.5千克、过磷酸钙3千克、钾肥3千克。

5. 病虫害防治　病害主要有黑斑病、黑腐病、软腐病、白粉病和花叶病等。害虫主要是蚜虫和地下害虫。病虫害防治方法参考第六章有关内容。

6. 收获　肉质根基本长成，下部叶片变黄，植株不再生长时即可收获。胡萝卜生育期90～120天，一般6～7月收获。

（二）胡萝卜地膜加薄土层覆盖栽培技术

大理市为沙壤土地区，经多年生产实践，总结出一套普通地膜加薄土层覆盖栽培技术。笔者将云南大理的地膜加薄土层覆盖栽培技术要点总结介绍，供相似地区种植参考。

这种栽培技术具有较好的保湿、防涝、控制杂草生长、减轻胡萝卜裂根和软腐病的良好效果。原因：在保湿和防涝方面，干旱时地膜可减少土壤水分蒸发，缓解旱情；雨天大量雨水会顺畦面流入畦沟中，最终被排出菜田外，减少了雨水下渗。这样无论雨水多少，土壤水分均能保持相对平衡的状态，因此胡萝卜裂根和病虫害都会减轻。在控制杂草方面,由于地膜上的薄土层屏蔽了阳光,地膜下土壤中的杂草种子萌发后得不到阳光照射从而不能进行光合作用,当种子中储藏的营养物质被彻底消耗完后,未出土的杂草幼苗便因"饥饿"而死亡;处于地膜以上覆土层中的杂草种子,则因地膜阻断了土壤毛细管水分的上升,得不到生长所需的足够水分,多不能正常萌发和生长;只有播种穴中的杂草种子,能够同时得到充足的水分和阳光萌发和生长,因此杂草数量大大减少。此外,在地膜上覆盖一层薄土,还可以防止地膜被风摧毁。

1. 灌水杀虫 胡萝卜出苗期间很容易遭地下害虫危害,常常导致胡萝卜缺苗或后期产生叉根和畸形根。因此,于前茬收获后翻地前 3～5 天灌 1 次透水,水要淹没畦面,不仅可以杀死菜田中大部分地下害虫,还可以为胡萝卜播种后种子发芽创造适宜的土壤水分条件。

2. 覆膜播种 整地前每 667 米^2 施用腐熟有机肥 2 500～3 000 千克。采用高畦或高垄栽培。平整畦面或垄面前,可每 667 米^2 用 50%辛硫磷乳油 150～200 毫升拌细土 15～20 千克撒施于畦面,并结合平整畦面耙耢入表土层,以防止地下害虫危害。

播种后覆膜,一般用 0.006～0.008 毫米厚的普通地膜,可选用已打好播种孔的地膜覆盖,也可先覆膜后打孔,地膜播种孔的孔径以 4～5 厘米为宜。将种子点播于地膜的播种孔中央,每孔播种 4～6 粒。播后从畦沟中取土覆盖在地膜和种子上,这是控制杂草的关键措施。覆土厚度以 1.5～2.5 厘米为宜,要求覆土厚薄均匀一致。

3. 田间管理要点 播种穴中和覆土层中会有部分杂草萌发,可结合胡萝卜间苗和定苗进行人工拔除。追肥一般 2～3 次,宜将化肥溶于水后打孔灌施。第一次追肥在 3～4 片真叶时,每 667 米^2 追施尿素 8 千克、过磷酸钙 8 千克、硫酸钾 10 千克;春、夏季间隔 15 天,冬季间隔 20～25 天后进行第二次追肥,每 667 米^2

施尿素 8 千克、过磷酸钙 10 千克、硫酸钾 15 千克；以后根据胡萝卜生长情况酌情追肥。胡萝卜生长适宜的土壤湿度为 60%～80%，如土壤过干，则肉质根细小、粗糙，肉质粗硬；若土壤过湿，则易发生软腐病；若供水不匀，忽干忽湿，则容易引起裂根。一般浇水与追肥结合，平时则可根据土壤墒情酌情浇水。收获期停止浇水，以防烂根。

（三）胡萝卜早春塑料小拱棚栽培技术

早春栽培胡萝卜，如果能更早上市，满足市场需要，提高经济效益，就需要设施栽培，但要求管理技术较高。现将塑料小拱棚无公害栽培胡萝卜关键技术介绍如下。

1. 播期和品种选择 选择早熟、生育期短的耐抽薹品种，如金红 1 号、宝冠、红映 2 号、新黑田五寸人参、春红五寸人参、新疆胡萝卜 1 号等胡萝卜新品种。适期播种，比露地可提前 1 个月左右种植。参考第四章第二节表 1。

2. 整地播种 选择背风、向阳，地势平坦，风面有林带、村庄或其他障碍物作为保护的沙壤土地块。顺风向设置拱棚，减少风的阻力及其破坏作用。根据设定的拱棚走向，做成宽 1～2 米的畦面，两畦面间预留 0.5 米宽的走道。畦内开沟条播，行距 20～25 厘米、沟深 1～1.5 厘米，人工播种后及时覆土、镇压，覆土厚度 1 厘米。高寒地区可以再覆盖一层薄膜。

小拱棚的主框架是竹片，选择光滑、富有韧性的竹片，将竹片削平，以免在使用过程中划破农膜。然后在畦埂两边每隔 1～1.2 米对称挖深 20 厘米的小坑，埋设竹片，使之成为弓形，踏实基坑。一个拱棚的竹片埋设好后，要调整竹片方向和弯曲度，使其整齐一致。然后用 2 毫米的铅丝绕竹片弓形顶端连接各竹片，使其固定成为一个整体框架。拱棚的棚膜选择防老化无滴长寿膜，膜厚 1 毫米，播后可立即扣棚，避免水分散失。扣棚应选择在无风天气进行。顺风向固定好一端,拉紧农膜,使两边均匀,同时压土踏实,膜边埋深不少于 15 厘米,盖好拱棚后再用压膜线加固,每两个竹拱间加固一道压膜线,以防大风破坏拱棚。

3. 田间管理要点　播种后出苗前,白天温度会很快升高,棚内温度可控制在 28℃～30℃。出苗后及时通风是拱棚栽培管理中的重要环节。早春地膜加小拱棚栽培,出苗后要及时破膜,避免烧苗。胡萝卜出苗后,在晴朗天气,每天上午 11 时到下午 2 时要及时通风。当棚内温度超过 35℃时要在棚中间增大通风量,特别是长度超过 30 米的拱棚要在中间通风,以免烧伤幼苗。

间苗、定苗选晴天上午 10 时前或午后揭开膜,间苗后立即将棚盖好。当外界平均气温达到 15℃时,进一步加大通风量。夜间不再关闭通风口,增加炼苗时间,为揭掉棚膜做准备,否则突然去掉棚膜对胡萝卜幼苗极易造成伤害。一般炼苗时间掌握在 7 天左右即可去除棚膜。

其他浇水施肥、中耕培土等管理技术同大田无公害栽培技术:间苗一般 2 次,2～3 片叶时进行第一次间苗,去掉小苗、弱苗、过密苗,苗距 3～4 厘米;5～6 片叶时进行定苗,中小型品种苗间距为 10～12 厘米,大型品种为 13～15 厘米;定苗后追肥、浇水、培土;肉质根膨大期间再次追肥、浇水,深培土 2～3 次。

春季病虫害发生少,特别要注意防治地下害虫。

适时收获。小拱棚生产的在 5 月下旬开始上市。

(四)胡萝卜春播大棚栽培技术

春播胡萝卜可以选用冬草莓或冬育苗茬口大棚或其他叶菜类采收后的大棚种植,以期达到提早上市的目的。

1. 播期和品种选择　选择适合春播的优良品种,适时整地播种。北方大棚设施栽培在 2 月初至 3 月底都可以播种,过迟则影响产量和品质,4 月下旬至 5 月底收获。寒冷地区可提前 20～30

天扣棚,增加地温。各地播期和品种参考第四章第二节表1。

2. 整地播种 基肥一般每667米² 施腐熟有机肥3 000～4 000千克、三元复合肥50千克。另外,每667米² 可用辛硫磷250克结合浇水施入土壤,防治地下害虫。深耕整地后,起平畦或高垄播种。播种后覆膜(最好是使用专用带孔的地膜),然后关闭大棚,一般7～10天后可出苗。有的地方播种胡萝卜的同时每隔50～80厘米距离播种2～3粒大豆,大豆先出苗,既可引诱害虫又可支撑地膜。

高海拔地区,如青海省海晏县,海拔3 000米以上,光照充足,昼夜温差大,冬季漫长,气候寒冷,年平均气温低于0℃,7～8月外界气温白天最高20℃左右,夜间6℃～8℃,气候条件严寒,无法生产胡萝卜。类似这样的地区可以用日光大棚栽培胡萝卜。采用西北型日光大棚,建造面积200米²,大棚以钢管为骨架,棚架间距1米,棚宽8米、长25米、高2.8米,用醋酸乙烯无滴膜覆盖,播种至苗期棚内温度白天保持18℃～20℃,夜间6℃～10℃,有利于胡萝卜正常出苗生长。

3. 田间管理要点 田间管理最主要的是要做好大棚内环境调控。齐苗后于清晨揭去地膜。早春大棚外界气温较低应以中耕保墒、保温增温为主,尽量延长光照时间提高昼温,所以四周棚膜应晚揭早盖,以后逐渐早揭晚盖。随着温度的升高,逐渐增大大棚通风口。当棚内气温超过25℃时,应通风,而低于18℃时应关闭风口,使温度保持在20℃～25℃,温度过高不利于光合产物的积累,会使胡萝卜商品性降低。当外界温度超过20℃时,保持棚内白天最高温度低于30℃,夜间保持在10℃～15℃。4月下旬以后,当大棚外界气温稳定升高以后,揭除大棚膜,让胡萝卜露地生长,以利光照充足,积累更多的同化物质,促使肉质根迅速膨大。

间苗、定苗分别在2～3片真叶和5～6片真叶时于晴天上午进行。生长期间土壤见干见湿,8～9片叶时结合浇水追发根肥,一般每667米² 施尿素10千克、硫酸钾3千克。根据植株长势,可以在收获前3~4周每667米² 用磷酸二氢钾0.5~1.0千克加水100~150升进行根外追肥。发现旺长可用15%多效唑粉剂1500倍液喷施。注意防治蚜虫。

接近收获期的胡萝卜可以根据市场价格波动,在价格高时及时收获出售。特别是有胡萝卜发生抽薹迹象时更应马上采收,防止肉质根抽薹后失去商品价值。一般北方地区5月初就可以开始上市。

(五)胡萝卜高山地区春播栽培技术

高山蔬菜是近年大力研究的科研项目,已经卓有成效。在高山地区反季节栽培胡萝卜是山区农民脱贫致富的好项目。栽培技术要点如下。

1. 基地选择 在海拔800米以上的山区均可种植。最好选择土壤有机质含量高、光照条件好、耕作层深厚、排灌方便的沙壤土。

2. 品种选择 宜选择耐热、抗抽薹、品质好和产量高的早中熟优良品种,如红芯4号、红芯5号等。

3. 整地、施肥、播种 同平原地区一样深耕,结合深耕施基肥。做高畦,畦宽1.3米左右,沟宽0.2米、沟深0.25米。

在日平均气温稳定在10℃左右、夜间平均气温稳定在7℃左右时播种。浸种催芽使胡萝卜早出苗,出齐苗。播种时采用条播,行距约为16厘米,浇足底水后播种,用筛过的细土覆盖厚约1厘米。然后,盖上地膜或农作物秸秆,以保温增墒。等到苗出到80%时揭去覆盖物。

4. 田间管理要点 间苗、定苗、肥水管理同一般露地栽培技术。追肥2次,定苗后5~7天第一次追肥,结合浇水每667米² 施硫酸钾复合肥10千克。当8~9片真叶、肉质根大拇指粗时,结合浇水进行第二次追肥，每 667 米² 施尿素 7 千克，过磷酸钙、硫酸钾各 3.5 千克。膨大期要经常保持土壤湿润，以避免土壤水分不足引起肉质根木栓化，侧根增多，但也不能水分过大引起肉质根腐烂，也不能忽干忽湿造成肉质根裂根，降低商品性。

病虫害防治同一般露地栽培技术病虫害防治方法。

当胡萝卜植株不再长新叶、下部叶片变黄时，选择晴天下午或阴天及时采收。

（六）夏秋播胡萝卜露地栽培技术

夏播和秋播栽培技术类似，笔者将二者栽培技术综合介绍。夏、秋播栽培的关键技术要点就是精细播种，确保全苗，防止杂草，精细管理。

1. 播期和品种选择　夏秋播栽培对品种的要求不严格，春播品种均适合夏秋播栽培。

目前，我国种植较普遍、比较理想的品种有：日本黑田五寸系列、郑参丰收红、郑参 1 号、红芯系列、红誉五寸、天红 1 号、红姑娘胡萝卜、华育 1 号等。加工品种有新黑田五寸人参、扬州红 1 号和美国新三红等。笔者根据各地报道的材料，将播期、收获期和常栽品种总结，如表 2 所示，仅供参考。

表 2　各地胡萝卜夏秋播播期、收获期及适栽品种

地区	夏秋播期	收获期	适栽品种
黑龙江	6~8 月	9~10 月	比瑞胡萝卜、瑞宝 7 寸、新红胡萝卜、新黑田五寸人参等
吉林	6 月	9 月下旬至10 月上旬	新黑田五寸人参等

续表2

地区	夏秋播期	收获期	适栽品种
辽宁	露地6月中旬至7月上旬；温室栽培9月中旬	露地8月下旬至10月上旬。温室栽培春节前后	新黑田五寸人参等
甘肃	6月下旬至8月上中旬	10月下旬至11月	七寸参、五寸参、透心红、小红顶、新黑田五寸人参、甘谷柿子红、七寸红、齐头黄、日本五寸人参等
新疆	6月上中旬	10月	金红1号、金红2号等
陕西	6月至7月初	9月底至10月	透心红、红芯5号、红芯6号等
河北	6月中下旬至7月下旬	9～11月	日本黑田五寸、小顶红、新黑田五寸人参等
河南	6月下旬至8月上中旬	10月至11月底	新黑田五寸人参、夏莳五寸、郑参1号、郑参丰收红、新改良黑田五寸参、日本特级三红、新黑田五寸人参、大坂特选黑田五寸、尼亚加拉、卡里利、超级红芯F₁、红芯6号等
山东	夏播6～7月；秋播8月上旬至9月上旬；秋日光温室9月以后可陆续播种	10～12月	夏莳五寸、黑田五寸、超级黑田五寸、高崎黑田五寸胡萝卜等
江苏	6月下旬至10月	10月中旬至翌年1月	红姑娘胡萝卜、新黑田五寸人参、扬州红1号、美国新三红等

续表2

地区	夏秋播期	收获期	适栽品种
江西	7月中旬至8月中旬	11月中旬	新黑田五寸人参、菊阳五寸参、日本红勇人2号等
安徽	7月中旬至8月中旬,一般以立秋前播种为宜	10月下旬至11月上中旬	新黑田五寸人参、菊阳五寸参、孙圩红、黑田六寸、韩国千红百日、改良黑田五寸等
贵阳	8月初	11月	百慕田改良五寸参、华育1号、改良新黑田五寸参等
重庆	7月上中旬	10月中下旬	超级黑田五寸人参、高崎黑田五寸、新黑田五寸人参等
广西	8月底至9月底,9月初种植最好	12月	美国高山大根、美国助农大根、日本七寸红、黑田五寸人参等
福建	6月至9月下旬,最迟在10月中下旬	9月中旬至翌年2月	坂田七寸、冠军、年年丰、中厦红星、因卡、助农大根、金笋、中厦5585、日本金笋636、新黑田五寸人参、红芯4号等
云南	5~9月	8~12月	利嘉吉美等

对胡萝卜出口品种的要求为:肉质根皮色、肉色、心柱色均为红色,长度15厘米以上,横径3厘米,表皮光滑,且农药残留、大肠杆菌、沙门氏菌等有毒有害物质不超标。可供出口的品种:早熟品种(播种后90~110天采收)有新黑田五寸人参、早生三红;中早熟品种(播种后110~130天采收)有太阳因卡、坂田七寸(SK4—

316)、美国 C2589、杂交黑田七寸 0654；中晚熟品种（播种后120～160天采收)有美国全红 F1、日本三红大根金笋 636。

2. 整地施肥　耕前一般每 667 米² 施腐熟有机肥 3 000～4 000千克(或腐熟鸡鸭粪 1 000 千克,或消毒鸡粪1 000～2 000千克),硫酸钾 15～20 千克(也可施草木灰 100 千克),过磷酸钙15～20千克(或磷酸二铵 15 千克)。有机肥最好在播前 20～30 天施入,化肥要在播种前 1 周施入,耕后细耙,使土肥充分混匀。严禁施用未腐熟有机肥等禁用肥料作为基肥。结合施肥可将治地下害虫的辛硫磷颗粒同时施入。

3. 播种　夏秋播一般在 6 月下旬至 10 月初进行播种,各地因地制宜。秋播胡萝卜如果播期推后,11月后温度过低则要通过棚室和薄膜覆盖等设施顺延生长期,促其生理成熟后收获。部分地区播期和收获期如表 2 所示。河南地区以夏播为主,一般在 7月中旬至 8 月初进行。

垄栽要精细整垄,垄面宽 40～45 厘米,垄沟 25～30 厘米,垄高约 20 厘米。整垄要力争土壤细碎,垄面平整,各垄面要高低一致。也可以畦栽。

播种方法：一般采用干籽直播。用整理干净的新鲜种子,稍加晾晒后即可播种。也可浸种催芽播种。一般每 667 米² 用种量0.5～1.0 千克。

播种时每垄 2 行,行距 20～25 厘米。在垄面先开 2 条浅沟,将种子条播或点播于沟内,然后覆土镇压。覆土不要过厚,以0.5～1厘米为宜。

播种后要充分浇透水,浇水至垄高 2/3 处不要漫顶,以渗水后垄背全湿、不见干土为宜。出苗前要保证土壤湿润。在少雨地区,播后至出苗前一般需要浇水 2～3 次。高温季节特别是南方地区播种后应以稻草、秸秆覆盖垄面或适当遮阴,保墒、防晒和防暴雨冲击。有条件的最好进行喷雾,既可保湿又可降温。

播种后为控制苗期田间杂草生长,可在播种后出苗前每667 米²用 33%二甲戊灵乳油 150 毫升,对水 75 升喷洒。

4. 田间管理

(1)查苗补苗　夏播时间正好是高温期,垄面容易干,出苗容易不齐;出苗期间常有暴雨,容易冲刷垄面或畦面的种子,造成缺苗断垄。因此,播种后 7 天左右要勤于田间观察,出苗前遇雨要及时破除板结,发现田间缺苗断垄要及时补种,确保全苗。

(2)除草　出苗期间,田间杂草多,可以人工除草,但比较费工,生产中现在多用除草剂除草。苗前和苗后要选用合适的除草剂。

(3)间苗定苗　间苗 2～3 次至定苗。在间苗时应拔去过密苗、弱苗、叶色特别深的苗、叶片及叶柄密生粗硬茸毛的苗、叶数过多的苗、叶片过厚而短的苗。间苗要及时,间苗过晚容易形成弱苗,导致病害的发生。间苗同时进行人工除草。

(4)中耕培土　间苗后要浅中耕,疏松表土。封垄前、浇水后或雨后还要中耕 2～3 次。中耕要结合培土。封垄前将土培至胡萝卜根头,防止出现青头,降低商品率。

(5)肥水管理　胡萝卜出苗前保持土壤湿润,齐苗后土壤见干见湿。幼苗生长期间需肥量不大,减少水肥,以利蹲苗,防止徒长。有些地区在播种前或出苗后 15 天以内施用美国亚联的微生物菌肥每 667 米² 100 毫升,用喷雾的形式喷于地面,对增产和提高商品性有很好效果。但切忌播种后出苗前喷雾,否则将大大影响出苗率。

当幼苗 5～6 片真叶定苗后,浇 1 次透水,结合浇水每 667 米²施尿素 10 千克。当肉质根长到手指粗、8～9 片叶时,肉质根进入快速生长期,结合浇水进行第二次追肥,每 667 米² 施尿素 15 千克,或硫酸钾 30～50 千克,或三元复合肥 15～20 千克,或追施草木灰 100 千克。当植株徒长时可用多效唑 1 000 倍液控制。生长期应经常保持土壤湿润,如果水分不足,易引起肉质根木栓化,使侧根增多;如果水分过多,肉质根易腐烂;如果土地忽干忽湿会使肉质根开裂,降低品质。因此,要精心搞好水分管理。收获前1周左右停止浇水。收获前20天内不准使用速效氮肥。

胡萝卜垄栽浇水不容易浇透,特别是出苗前。有条件的可采用水泥(石)柱架空固定式微喷灌。苗期晴天每天喷灌1次,每次15~20分钟,苗齐后一般2天喷1次。追肥前3~4天控水,配合开沟晒"根",适度控水蹲苗,可晒至叶片略显萎蔫,以促进主根下扎。追肥后7天内应多喷水,以利肥料的吸收,每天喷灌1次,每次20分钟。播种70天以后,可3天喷1次水,有利于肉质根的生长。

(6)抑制徒长 南方地区高温多雨、湿度大,植株容易徒长,可在胡萝卜7~8片叶时喷施50%矮壮素水剂800倍液2次,两次喷药之间的间隔期为10~15天,以抑制地上部分旺长,促进肉质根膨大。

5. 病虫害防治 前茬作物的农药使用不应有高毒高残留的农药。病害主要有黑斑病、黑腐病、软腐病、病毒病等;虫害主要有地下害虫、蚜虫、甜菜叶蛾和小叶蛾等。当胡萝卜缺硼时,根系不发达,生长点死亡,外部表皮变黑;可每15~20天喷1次硼肥,促进根系生长。当缺钙而营养生长受阻时可形成木质根。所以,栽培上应注重平衡施肥,增施微量元素肥料。病虫害防治方法详见第六章有关内容。

6. 收获 当肉质根充分膨大、部分叶片开始发黄时,适时收获。也可根据市场行情及销售时间随时采收上市。一般于11月至翌年1月收获。收后可贮藏在0℃~5℃冷库或仓库中。

(七)南方冬播胡萝卜栽培技术

南方有些地区秋冬气候比较温暖,适合胡萝卜冬季栽培。

1. 播期和品种选择　南方冬播播期一般在 10 月底至 11 月播种,翌年 3～5 月收获。也有地区 12 月至翌年 1 月播种,如广西南宁地区 11 月中下旬播种,翌年 3 月上旬收获。福建沿海地区 11 月下旬播种,翌年 3 月上旬收获。云南 10 月底至翌年 1 月初均可播种,3～5 月收获。

冬播胡萝卜要选择耐低温、冬性强、不易抽薹、生育期 100～150 天的品种。目前,国内适合冬播的品种主要有改良黑田五寸人参、三红七寸参、红芯 6 号、美国高山大根、美国助农七寸、美国助农大根、红将军、特级三红、美国高山大根等,其中以改良黑田五寸参栽培较多。

2. 整地施肥　注意茬口安排,尽量避免与伞形花科和根菜类蔬菜连作。

整畦前对土壤进行 2～3 次翻晒,深耕细耙,结合整地每 667 米^{2}施入充分腐熟而细碎的有机肥 2 000～2 500 千克,或施腐熟农家肥 5 000 千克,磷、钾肥和速效氮肥各 15 千克。施石灰 60～80 千克,以优化土壤理化性状和杀死土壤部分病原菌。同时,施进去防治地下害虫的药,如辛硫磷颗粒剂 3 千克。

3. 播种　胡萝卜种子本身不易吸水和透气,出芽率偏低,加上冬播地温低,导致种子发芽与出苗慢。为促进早出苗、出齐苗,播前应进行温水浸种催芽,待大部分种子露白后即可拌湿沙播种。也可用种子重量 0.2%～0.3% 的 75% 百菌清可湿性粉剂或 72% 硫酸链霉素可溶性粉剂拌种。

进口胡萝卜种子已消毒,种子发芽率较高,可直接播种,采用点播。生产中一般采用平畦条播,畦宽 1～1.5 米,行距 12～15 厘米,株距 8～10 厘米,每 667 米^{2}用种量 300～500 克。播后均匀盖上一层薄土,覆盖稻草,有些地方用牛粪干、蘑菇土或土杂肥盖种,然后浇水。

也可采用地膜覆盖栽培。播种方式为点播,行距 15 厘米,株距

12厘米,每穴播种4～6粒,播后盖土1厘米厚。播种前为防止地下害虫危害,用喷雾器在畦面上喷施5‰顺式氯氰菊酯乳油1000倍液1遍。播后盖膜,出苗后先破膜炼苗5天,然后才引苗出膜,并用细土把薄膜上的引苗孔盖严。如果当地冬季风较大,为避免薄膜被风吹毁,可于播前盖膜,播种时用自制的薄膜打孔工具按规格在薄膜上打孔,孔径4～5厘米,播种后盖土1厘米厚,并用细土将薄膜上的播种孔封严。采用地膜覆盖栽培的,一般播后10～20天出苗;12月至翌年1月露地播种的,25～30天出苗。

4. 田间管理

(1)间苗定苗　幼苗长到1～2片真叶时进行第一次间苗,除去过密苗、弱苗,苗距3～4厘米。4～5片叶时按株距定苗。

(2)中耕除草　胡萝卜幼苗期生长缓慢,杂草生长迅速,结合间苗进行浅中耕除草。浇水、雨后进行浅中耕。定苗后进行中耕时注意培土;封垄前深培土,可防止肉质根顶端露出地面形成青肩。

(3)科学浇水　秋冬季气候较干燥,且沙壤土、沙土保水能力低下,因此科学浇水也是胡萝卜高产优质的关键。播种后立即浇水,出苗前保持土壤畦面湿润不积水,保障出齐苗。苗期叶小细嫩,要薄水勤喷,一般早上喷洒1次,午后至傍晚前注意控制水分,保持畦面干燥。苗高3～5厘米(齐苗后15天左右)浇1次"跑马水"自然湿透,确保畦内湿润,利于根系深扎。肉质根膨大期,保持湿润不积水。成熟期要特别注意春季排水,若遇多雾天气,还应注意防治白粉病及预防黑腐病。

地膜覆盖栽培的,20～30天浇1次水,浇水应注意不能大水漫灌。条件许可可采用水泥(石)柱架空式微喷灌、PVC管微喷灌、喷水带微喷灌等固定或半固定式节水灌溉技术,不但节水、省工,而且栽培出来的胡萝卜生长均匀、产量高、商品性好。

(4)合理追肥　胡萝卜属喜钾忌氯作物,需肥量较大,对土壤中三要素吸收以钾最多,氮次之,磷最少。吸肥有一定的规律,生长前期吸收很慢,随着肉质根迅速生长,才大量吸收养分。如果出现缺肥,肉质根上毛根眼增多,严重影响表皮光滑度。因此,一般根据植株长势,及时追肥2~3次。第一次追肥在间苗后苗高5厘米左右,结合喷水或浇水每667米²施硫酸钾复合肥5~8千克或硫酸铵10~15千克。第二次在播种后30~40天(苗高约10厘米),每667米²施硫酸钾复合肥40~50千克或尿素18~20千克、硫酸钾15~20千克,并保持土壤湿润。播种后60~70天,在肉质根膨大期进行第三次追肥,每667米²再施硫酸钾复合肥40~50千克或三元复合肥50~60千克。如果于行间开沟施肥覆土,再浇水更好。胡萝卜对新鲜厩肥和土壤溶液浓度过高都很敏感,要避免使用新鲜厩肥或施肥浓度过高,否则易发生叉根。

为了预防缺镁症,可在生长中后期根据需要喷施0.2%~0.3%硫酸镁。生长中后期可以每667米²喷施肥精(多种微量元素肥)或氨基酸叶面肥3次,喷肥之间间隔15天。还可以喷施磷酸二氢钾,一般每667米²用量为150~200克。

5. 病虫害防治　胡萝卜主要病害有白粉病、黑腐病等;虫害有蛴螬、地老虎、蚜虫、黄曲跳甲等。白粉病可用三唑酮、代森锰锌、苯醚甲环唑等。黑腐病可用春雷·王铜可湿性粉剂。蚜虫和黄曲跳甲可用毒死蜱乳油或高效氯氟氰菊酯水乳剂。蛴螬和地老虎可用顺式氯氰菊酯乳油或敌百虫溶液灌根,或辛硫磷颗粒剂等直接拌土穴施。具体防治方法参见第六章有关内容。

6. 采收　冬播胡萝卜一般在3月中下旬以后收获,当不见新叶,叶片不再生长,下部叶片变黄时即可采收。如果过早过晚采收,都会影响胡萝卜商品性状,从而影响产量。如有0℃~3℃冷库,采收后贮存,可供应整个夏季。

（八）水果胡萝卜栽培技术

水果胡萝卜(皇帝型)是中国农业科学院从美国引进的水果型胡萝卜新品种,现将其栽培技术要点介绍如下,以供适合地区作为特色栽培参考。

水果胡萝卜生育期为 120 天左右,要获得更好品质和更高产量,生育期可延长到 150 天以上。要求总糖度 8% 左右,一般每 667 米^2 产量为 6 000～8 000 千克。

1. 整地施肥 根据栽培实践,每 667 米^2 一般施用充分腐熟的有机肥 5 000 千克以上、三元复合肥 50 千克。深耕 20 厘米以上,细耙 2～3 遍,按 1.5 米间距做成小高畦,畦面宽 90～110 厘米,畦高 25～30 厘米。

2. 种子处理 播前温水浸种催芽。为防止种子带菌,可以用百菌清或多菌灵药剂浸种。

3. 播种 夏秋播采用条播、撒播或点播均可。可用湿细沙拌种后均匀播种。条播和点播顺畦按 4 行播种,行距 15～20 厘米,株距 1.5～2 厘米。播后用细碎土盖种 1 厘米厚左右,切忌覆土过厚或过薄。最好采用喷灌,畦面淋足水分后,每 667 米^2 喷施 150～200 毫升 50% 丁草胺乳油 700 倍液防草,不要漏喷或重喷。然后可用遮阳网或稻草等覆盖遮阴,遮阳网可在小拱棚上覆盖,要求距地面 1 米左右,促进早出苗、出齐苗。出苗前土壤含水量要保持田间最大持水量的 60% 左右,待 30%～40% 幼苗出土后,及时于傍晚时分揭除覆盖物。

4. 田间管理要点

(1)间苗定苗 水果胡萝卜要采用高密度种植,这样能够促使肉质根紧密生长,呈细长柱形,外形比较均匀一致,因此一般不必间苗。但如果局部密度过大,可在幼苗 2～3 片真叶时结合除草保墒进行间苗定苗,保证苗距在 1.5～2 厘米,防止苗距过大造成肉质根过度生长形成裂根,影响产量和品质。

(2)浇水　播种至出苗期间应保持土壤湿润,以保证齐苗;苗期叶小、细嫩,要薄水勤喷;叶片旺盛生长时期(苗高 3～5 厘米),适当控制水分,防止徒长;肉质根膨大期需要充足的水分,土壤相对湿度保持在 65％～85％;成熟后期要适当控水,以防裂根、烂根;收获前 1 周停止浇水。

(3)追肥　水果胡萝卜在生育期内应追肥 2～3 次,第一次在苗高 5 厘米左右进行,结合浇水每 667 米² 追施腐熟农家有机液肥 1 000 千克或尿素 20 千克;以后隔 20～25 天,进行第二次和第三次追肥,每次施硫酸钾复合肥 25～30 千克。

5. 及时采收　不要采收过晚,以免影响水果胡萝卜品质。

(九)微型胡萝卜栽培技术

微型胡萝卜是指肉质根外形小,根重 15 克左右,显著轻于普通胡萝卜肉质根单根重的品种,它有圆锥形、圆柱形和圆球形 3 种根形,口感甜脆,适宜生食。

1. 品种简介

(1)红小町人参　日本引进品种。早熟,生育期 50～70 天,肉质根近似球形,直径 3 厘米左右,皮、肉均为红色,品质好,口感甜脆。

(2)三寸人参　日本引进品种。早熟,生育期 50～70 天,肉质根短圆锥形,长约 10 厘米,顶端直径 2 厘米左右,皮、肉均为鲜红色,口感甜脆。

(3)小丸子　北京市农林科学院蔬菜研究中心选育。早熟,耐抽薹,生育期 60 天左右,肉质根圆球形,直径 3～4 厘米,单根重 20～30 克,皮、肉均为红色。

2. 播期安排　微型胡萝卜从播种至采收仅需 50～70 天,对栽培环境条件的要求与普通胡萝卜基本相同。

华北地区可在保护地春、秋、冬季种植,露地春、秋季种植,高寒和冷凉地区夏季露地种植。春季播种应在 10 厘米地温稳定在 10℃以上时进行,春日光温室在 2 月上旬,春大棚在 3 月上中旬,露地在 3 月下旬至 4 月上旬;冷凉地区夏季在 5～7 月播种;秋露地在 8 月上旬至 9 月上旬播种,秋日光温室 9 月以后可陆续播种。

3. 整地施肥和播种　一般每 667 米^2 施充分腐熟细碎的有机肥 2 500 千克、草木灰 100 千克、过磷酸钙 20 千克。耕深 20 厘米以上,表土要求细碎平整,将土壤中的石块、砖头、塑料等杂物挑出,按 1.3～1.5 米的间距做小高畦,畦面宽 90～110 厘米、高 15～20 厘米、长 8～10 米,沙质土壤也可采用平畦种植。

用浸种催芽的种子播种,要先浇底水,待水渗下后再播种覆土。早春播种后要覆盖地膜,出苗率有 70% 时揭去地膜;在风多、干旱地区以及夏秋露地播种后可覆盖一层麦秸,起到降温、保墒、防暴雨冲刷的作用,苗出齐时撤去覆盖物。

4. 田间管理要点

(1)间苗定苗　幼苗 2～3 片真叶时第一次间苗,株距 3 厘米左右,去除过密、弱株和病虫危害株;幼苗 4～5 片叶时定苗,株距 6～8 厘米。结合间苗、定苗进行浅中耕松土和除草,促进幼苗生长。

(2)冬春保护地种植　要采取保温措施,经常清扫和擦洗棚膜以增加透光率;浇足底水后苗期尽量少浇水,以防徒长;肉质根开始膨大至采收前 7 天,应及时浇水保持土壤湿润,但不要浇水过大,适合小水勤浇。

(3)夏秋季种植　上午 11 时至下午 3 时棚顶可以覆盖遮光率 60% 的遮阳网,以减少日照时数来降低温度。从播种至出齐苗应 1～2 天浇 1 次水,以降低地温、保墒。降雨后应及时排水。出苗后至肉质根膨大期应少浇水,5～7 天浇 1 次水。

基肥充足可不必追肥,若基肥量少应在肉质根膨大初期追 1

次肥,于行间开沟,每 667 米² 追施三元复合肥 15～20 千克、硫酸钾 10 千克。生长期间叶面追肥 2～3 次,可用 0.3% 磷酸二氢钾温水溶解后喷施,夏秋季晴天喷施要避开中午,以免蒸发过快影响效果。

5. 适时采收 微型胡萝卜一般每 667 米² 产量 1 000～1 500千克。挖出后留 3～4 厘米长的缨,清水洗净后用保鲜袋或托盘加保鲜膜包装后即可出售。

三、胡萝卜栽培常见的问题

(一)土壤如何消毒

胡萝卜进行栽培时,对于重茬和土壤病虫害严重的地块应该进行土壤消毒。

1. 翻晒加石灰消毒法 将胡萝卜地内和四周的杂草、前茬残体铲除干净,集中到地边一处加石灰分层堆积或集中烧毁,消灭前作病原菌和虫源。

2. 水层加石灰淹没法 将地里所有杂草及杂物统统铲除,集中到地边烧毁,然后把水放进地块,水层要盖住地面,然后每 667 米² 撒施石灰 60～75 千克,使水面形成一层薄氧化钙膜,不断补足水,使田间持续保持水层 7～15 天。这样可起到碱性杀菌,水层、钙膜淹闭闷杀病菌和地下害虫等作用;同时还可以保持土壤结构状态,离水后土壤持水少、不黏,有利于耕翻和起畦。

3. 农药喷施 为防治地下害虫和根结线虫危害,在施完肥后,每 667 米² 用 40% 辛硫磷乳油 500 毫升加水 30 升喷施土表。

(二)如何保证胡萝卜播后早出苗、出齐苗

保证胡萝卜早出苗、出齐苗有 7 项措施。

1. 选用新鲜种子　尽量选用光籽,如果是毛籽,将种子上的刺毛揉搓掉。同时,播种前选晴天晒种1～2天。

2. 浸种催芽　通过浸种催芽促使胡萝卜早发芽,发芽整齐。

3. 精细整地　给胡萝卜一个适宜的土壤生长环境。

4. 适时播种,适墒播种　播种时间最好安排在每天上午或下午4时之后进行。整地前充分灌水,待墒情适宜时整地播种;或者直接整地做畦或起垄播种,再充分灌水洇透。播种后要注意浇水,出苗前保证地皮不见干。

5. 套播青菜遮阴　播种时可混少量青菜种子同播,利用青菜出苗早、生长快的特点进行遮阴。

6. 盖草保湿　气温比较高的地区播种后可以在畦面或垄面覆盖麦秸等,有保墒、降温、防大雨冲刷、防土壤板结的作用,利于出苗。

7. 合理化学除草　胡萝卜种植密度较大,且夏秋季播种出苗期间正是高温多雨季节,杂草多,生长快,人工除草工作量大,有时除草不及时易形成草荒,影响出苗及幼苗生长,因此必须及时除草。可施用化学除草剂来除草。喷药时畦面土壤必须保持湿润,以利于药膜层的形成,有效发挥除草剂的作用。

(三)如何避免春播胡萝卜先期抽薹

胡萝卜生长期间,由于受到早春低温以及长日照的影响,肉质根未达到商品标准前而植株抽薹的现象称为先期抽薹。先期抽薹会造成胡萝卜肉质根不再膨大,纤维增多,失去食用价值,严重降低产量和品质,直接损害种植者的经济利益。

胡萝卜属绿体春化长日照作物,肉质根膨大的适宜温度为18℃～25℃,在苗期4～5片真叶甚至2～3片真叶时就能感受低温,进行春化作用,一般当感受10℃以下低温累积达350小时以上时,在5～6月长日照条件下就可能进行花芽分化、抽薹开花,而且温度愈低,感受低温时间越长,抽薹率越高。春季如果发生倒春寒也会造成先期抽薹率较高。而夏秋种植的胡萝卜生长前期温度较高,生长后期温度较低,不适于抽薹开花。

先期抽薹防止措施:一是要选择抗低温、耐抽薹的优良品种,尽量用新种子播种。陈旧种子相对新种子而言,在同样的生长环境下,生活力低,长势弱,也容易增加抽薹率。二是要适期播种。播种期要根据当地气候条件选择适宜播期。不能过早栽培,如果提早栽培就采用设施栽培。

(四)胡萝卜浇水注意事项

胡萝卜既怕旱,又怕涝,所以一定要结合品种的特点和生长周期合理浇水。胡萝卜种子不易吸水,如果土壤干旱,会推迟胡萝卜出苗,易造成缺苗断垄;或胡萝卜肉质根膨大不良,品质差。如果在苗期与叶片生长旺盛期恰逢雨季,排水不畅时会导致肉质根生长受限,或沤根而减产。如果水分忽多忽少,则胡萝卜容易形成裂根与畸形根,商品率低。因此,适时适量浇水,对于提高胡萝卜品质和产量有较大影响。

生产中要根据胡萝卜不同生长阶段合理供给水分。播种后,水要一次浇透。如果天气干旱或土壤干燥,可适当增加浇水次数,土壤湿度保持在 70%~80%,以利于出苗,过干过湿都不利于种子发芽。夏秋播胡萝卜幼苗生长遭遇雨季,如果雨水太多,要控制水分和注意排涝,结合中耕松土,保持植株地上部与地下部生长平衡。春播胡萝卜苗期比较干旱,需要补给水分,但水量要小。胡萝卜幼苗期需水量不大,一般不宜过多浇水,这样利于蹲苗,防止徒长。定苗后要浇 1 次水。当胡萝卜长到手指粗,进入肉质根膨大期时是对水分、养分需求最多的时期,应及时浇水,保持土壤湿润,防止肉质根中心柱木质化。浇水同时进行追肥。收获前 5 天要停止浇水。

如果有些地方没有浇水条件,据报道,可及时用嘉实本(北京育正泰公司产品,产品成分为活性钙 20 毫升＋水 15 升＋食醋 100 克喷 2 次,可有效防止胡萝卜开裂)。或者配合病虫害防治,每桶药液(15 升)中加入硝酸钙 100 克和硼砂 50 克,能有效防止胡萝卜后期开裂。

(五)植物生长调节剂在胡萝卜
生产中的应用

据研究报道,植物生长调节剂在胡萝卜生长期应用有不同的作用,但生产中一定要谨慎使用。如果使用一定要掌握好喷洒时间、浓度和喷洒次数。

1. ABT 增产灵　用 ABT 5 号增产灵 5～10 毫克/升溶液浸种 4 小时,或 20 毫克/升溶液浸种 0.5 小时后播种,可促进胡萝卜种子萌发,使其发芽整齐。

2. 三十烷醇　在胡萝卜肉质根膨大期,每 8～10 天喷施 1 次 0.5 毫克/升三十烷醇溶液,每 667 米^2 用药液 50 升,连续喷施 2～3 次,能促进植株生长及肉质根肥大,使品质细嫩。

3. 多效唑　肉质根形成期,叶面喷施 100～150 毫克/升多效唑液,每 667 米^2 用药液 230～240 升,能够控制地上部分生长,促进肉质根肥大。注意用药浓度要准确,喷雾要均匀。

4. 石油助长剂　于胡萝卜出苗后 2 周,用 0.005％石油助长剂药液叶面喷洒,每 667 米^2 用药液 50 升,可促进生长和肉质根肥大,使品质细嫩,增产 10％～20％。

5. 丁酰肼　胡萝卜在间苗后,用 2 500～3 000 毫克/升丁酰肼药液喷洒茎叶。可抑制地上部生长,促进肉质根生长,但在水肥条件严重不足的情况下使用,可能会导致大幅度减产。

6. 绿兴植物生长调节剂　胡萝卜肉质根形成期,用 10％绿兴植物生长调节剂 1 000～2 000 倍液,叶面喷洒,每 667 米^2 用药液

30～40 升,喷 1～3 次,力求喷匀,能促进胡萝卜生长和肉质根肥大,品质细嫩,可增产 10%～24%。

7. **抑芽丹** 胡萝卜在田间越冬,若用抑芽丹处理,可抑制抽薹,一直可延迟到 4～5 月上市。使用 0.2%～0.3%溶液做叶面喷洒,对叶面会有一定的药害,但对根部肥大及产量无影响。用 2 500～5 000 毫克/升抑芽丹溶液,在采收前 4～14 天喷洒胡萝卜叶面,可减少贮藏期间水分和养分的消耗,抑制萌发、空心,延长贮藏期和供应期达 3 个月。

8. **矮壮素** 用 4 000～8 000 毫克/升矮壮素喷洒胡萝卜,连续 2～4 次,可明显抑制抽薹开花,避过低温的危害。

9. **赤霉素** 对于未经过低温春化而要其开花的,可在胡萝卜未越冬前用 20～50 毫克/升赤霉素溶液滴生长点,使其未经低温春化就抽薹开花。

10. **6-苄基腺嘌呤** 用 5～10 毫克/升 6-苄基腺嘌呤溶液处理胡萝卜,能保鲜,提高其商品价值和食用品质。

11. **萘乙酸甲酯** 把萘乙酸甲酯的溶液喷洒到纸屑条上或干土上,然后将纸屑或干土均匀地撒到贮藏容器中或地窖中,与胡萝卜放在一起,每 35～40 千克胡萝卜用药 1 克。在胡萝卜采收前 4～5 天,可用 1 000～5 000 毫克/升萘乙酸钠盐溶液,于田间叶面喷洒,也有防止贮藏期间抽芽的作用。

四、胡萝卜间作套种成功模式

(一)胡萝卜、青菜、马铃薯、甜瓜间套种栽培技术

1. **茬口安排** 长江、淮河流域,胡萝卜 8 月初选晴天稀播,11 月中旬采收。越冬青菜于 10 月上旬撒播育苗,11 月中旬在胡萝

卜采后随即东西方向挖畦。选择壮苗进行低沟套种,春节前后上市,2月底采收完毕。春马铃薯于2月上旬进行温室或双膜保温催芽,3月上旬地膜栽植,5月下旬采收。3月上旬马铃薯播后,在甜瓜预留的60厘米的空幅间撒播小青菜,4月下旬采收。甜瓜于3月20日左右选晴天进行营养钵薄膜育苗,4月下旬(5厘米地温15℃以上)待苗龄30~35天、有3~4片真叶时选择晴天地膜移栽定植,6月下旬采收,7月下旬采收完毕。

2. 田间布局   选择地势高燥、排灌良好、肥沃疏松的沙壤土。根据当地土壤肥力平衡施肥,结合施基肥深耕细耙。畦栽,畦宽3米。撒播,苗距13厘米。冬青菜于胡萝卜采后栽植,行距20厘米,株距16~18厘米。马铃薯每畦3垄,垄宽60厘米,垄高15~20厘米,单垄单行种植,株距20厘米。马铃薯垄与垄之间60厘米栽甜瓜,可先种一季春小青菜再种甜瓜,每畦2行,行距1.2米左右,株距40厘米。

3. 品种选择   胡萝卜选用优质高产、耐热抗病、质脆味甜的郑参丰收红等品种,每667米^{2}需种500克左右。春小青菜选用优质、高产、抗病的上海小叶青等矮箕种,每667米^{2}需种350克左右;冬青菜选用优质、高产、抗病、耐寒的矮杂2号等,每667米^{2}需种150克左右。春马铃薯选用早熟、优质、高产、抗病的东农303或豫马铃薯5号、6号等,以脱毒种薯为好;播前1个月选择表皮光滑、色正、无病(伤)薯催芽切块,每667米^{2}需种薯140千克左右。甜瓜选用优质、高产、抗病、耐贮运的雪美、翠蜜等一代杂交厚皮种,每667米^{2}需种50克左右;就近销售的也可选用肉脆、汁多、味甜的海冬青等青皮绿肉型薄皮甜瓜。

4. 田间管理要点

(1)胡萝卜管理   播后浅搂拍实,浇水,可以用除草剂除草保苗。齐苗后结合中耕锄草,及时间苗2~3次;定苗后及时追肥催苗促长。肉质根膨大期要及时追肥浇水,保湿。

(2)青菜管理　适墒播种,播后浅耢拍实,浇水保墒。生长期要注重肥水管理,轻浇勤浇,每5~7天追适量速效氮肥1次。冬青菜于越冬前每667米²用腐熟人畜粪1500千克对水浇施。结合覆草(或秸秆),最好于严寒来临前用黑色遮阳网覆盖,利于御寒防冻,护苗越冬。

(3)春马铃薯管理　地膜栽培,播前先开沟1次施足肥水,催芽切块播种。现蕾期结合浇水追肥1次,若植株长势弱,可在开花期再追钾肥1次。浇水或大雨后,要中耕、培土2~3次,封垄前最后1次深培土,防止薯块见光变绿。

(4)甜瓜管理　移植前要1次施足肥水。喷除草剂,每667米²用50%扑草净可湿性粉剂约150克,对水50升均匀喷雾土表。定植后浇足定根水,培土保湿。幼苗有5片真叶时摘心,每株选留2条健壮子蔓。当子蔓长至5~6叶时第二次摘心,每条子蔓选留3条健壮孙蔓结果,其余全部摘除。当孙蔓基部幼果坐稳后留3片叶时第三次摘心,每条孙蔓留1个果,每株留果5~6个。伸蔓期开穴追肥;坐果前期叶面喷施"植物动力2003"1000倍液。生长期间注重防治黄守瓜、红叶螨及霜霉病、白粉病等,遇多雨季节及时疏沟排水。

(二)洋葱、辣椒、胡萝卜间套种栽培技术

随着农业种植结构不断调整,甘肃地区应用洋葱、辣椒、胡萝卜套种模式面积比较大,每667米²产值达到6000~7500元,现将其栽培技术要点介绍如下,供其他地区参考。

1. 茬口安排　甘肃地区的茬口安排:洋葱10月初小拱棚育苗,12月下旬至翌年1月上旬定植,5月收获,每667米²产量5000千克左右。辣椒3月中旬直播于洋葱行间,6月开始采收,每667米²产量3000千克左右。胡萝卜8月中旬直播于辣椒行间,11月中下旬收获,每667米²产量5000~5500千克。其他地区可根据

当地气候安排茬口。

2. 洋葱栽培技术要点　选择抗病、优质、丰产、抗逆性强、商品性好的品种,如紫皮洋葱、黄皮洋葱等。育苗栽培,每 667 米² 用种量约为 1 千克。播后用草木灰加细河沙盖平,补足水分,盖遮阳网遮阴。当出苗率达到 60%～70% 时,揭去遮阳网。防治病害可在傍晚或清晨用 75% 百菌清可湿性粉剂 600 倍液,或 50% 多菌灵可湿性粉剂 500 倍液进行喷雾。幼苗高 15～20 厘米即可定植,起苗前浇足水分。

结合耕地施足基肥,每 667 米² 施优质农家肥 5 米³、磷酸二铵 25 千克,地耙平,挖穴定植,株距 20～25 厘米,行距 30～35 厘米,定植后浇水 1～2 次。田间土壤要保持湿润,相对含水量达到 60%～70%。定植 6～7 天后结合浇水追肥 1 次,每 667 米² 追施尿素 10 千克左右,然后进行第一次中耕。在鳞茎分化期进行第二次追肥,每 667 米² 施尿素 15 千克,也可叶面喷施 0.2% 磷酸二氢钾,后进行第二次中耕。当植株生理发黄,球茎直径达 8～10 厘米时开始采收。

3. 辣椒栽培技术要点　选择中早熟、抗病、丰产、形状好的青椒品种,如新丰 5 号、萧椒 10 号、湘椒系列等品种。当洋葱进入鳞茎膨大初期,在洋葱行间穴播辣椒种子,每穴播种 3～5 粒;或用营养钵育苗,每钵 3～5 粒,培育壮苗,保证田间湿度,起苗前 1 天浇足水。

定植地要结合深耕施足基肥,基肥用农家肥 5 米³、磷酸二氢钾 2.5 千克、硫酸钾 20 千克。株行距 30～40 厘米。定植后浇水 1～2 次,田间土壤相对含水量 60% 左右。结合浇水每 667 米² 施尿素 5～10 千克。中耕松土,一般中耕松土 3 次,培土 2 次。防止潮湿、大水漫灌浸湿辣椒根部,每采收 1 次需根外追肥 1 次,用磷酸二铵 20 千克。及早采收门椒,及时采收对椒和四门斗椒。

4. 胡萝卜栽培技术要点　选择抗旱、耐瘠薄、抗逆性强、丰产性能好、色泽美观的七寸人参、透心红等品种种植。8月下旬在辣椒行间中耕松土,播种胡萝卜,但不要损伤辣椒。出苗后,要及时间苗、定苗,株行距10厘米左右,定苗后结合浇水每667米² 施尿素10千克左右。生长后期结合浇水追尿素2～3次,每667米² 10～15千克,进行中耕除草,培土。胡萝卜视市场行情而确定采收时间,收后可以贮藏于春节或蔬菜淡季出售。

(三)胡萝卜、菠菜套种栽培技术

胡萝卜垄栽套种菠菜,能充分利用单位土地面积和光能,来提高总体经济效益。

1. 茬口安排 胡萝卜进行垄栽,菠菜种在垄沟内。各地区可根据当地气温条件来确定播期。以青海西宁地区胡萝卜套种菠菜为例,将栽培技术要点介绍如下。5月上中旬进行播种,6月底7月初采收菠菜,菠菜采收后及时对胡萝卜进行大田管理。

2. 品种选择 胡萝卜选耐抽薹、早熟、品质佳、高产稳定性能好、抗性强的品种,如红辉六寸、新黑田五寸人参、一品腊等。菠菜选耐热、抗病、优质、高产的品种,如胜先锋等。

3. 整地、起垄、播种 结合深耕每667米² 施入优质腐熟有机肥3 000～4 000千克、三元复合肥40千克,然后耙平地面。胡萝卜播种可采用起垄条播机,垄距60厘米,垄面宽约30厘米,垄高20厘米,垄沟宽30厘米,垄面平整,土要细碎。

胡萝卜单垄双行种植,行株距10厘米,条播。浇水后2～3天,浸种菠菜,方法是:农村可用井水浸泡24～30小时,用纱布包好,吊在水井中离水面20厘米左右处,每天将纱布包沉入水中将种子淘洗1次,2～3天后即可发芽。也可将浸过的种子摊在室内阴凉处催芽,注意翻动并保持一定的水分,经5～6天也可出芽。或将浸过的种子放在15℃～20℃下催芽,3～4天即可出芽。然后将种子拌草木灰或细土播种,在垄沟内按株距20厘米点播,播种深度2.5厘米。

4. 田间管理要点

(1)胡萝卜间苗、定苗　分别在幼苗期1～2片真叶时、4～5片真叶时间苗、定苗,间苗、定苗后与菠菜同时进行浅锄中耕、锄草,注意不要伤根。胡萝卜中耕时要浅培土;当植株封垄前,要深耕培土,以防止根头见光变绿成为青头。

(2)水肥管理　胡萝卜虽是耐旱根茎类蔬菜,但也不能过于干旱,垄面要保持湿润,切忌忽干忽湿。特别是播种后出苗前要求垄面湿润,利于出苗整齐。胡萝卜、菠菜出苗后共生期再浇水1次。胡萝卜齐苗后1个月左右要减少浇水次数,进行蹲苗,防止植株徒长,促使植株主根和须根深扎。当肉质根手指粗后,生长最快,这个时期要加强水肥管理,结合浇水每667米^{2}施三元复合肥15千克。

5. 病虫害防治　胡萝卜病害主要防治黑斑病、软腐病。虫害主要在苗期防治甜菜夜蛾、斑潜蝇。

夏菠菜主要病害有霜霉病、炭疽病、病毒病。霜霉病防治可喷72%霜脲·锰锌可湿性粉剂600倍液,或58%甲霜灵可湿性粉剂500倍液,或64%噁霜·锰锌可湿性粉剂500倍液,或40%三乙膦酸铝可湿性粉剂200倍液,或75%百菌清可湿性粉剂600倍液喷雾;隔7天交替连喷2次。炭疽病防治可用70%甲基硫菌灵可湿性粉剂1 000倍液,或50%多菌灵可湿性粉剂600倍液,或70%代森锰锌可湿性粉剂500倍液,隔7天交替连喷2～3次。病毒病防治要及早消灭蚜虫以减少传染病毒机会,可喷40%乐果乳油1 000倍液,或50%抗蚜威可湿性粉剂2 000～3 000倍液。防治潜叶蝇用50%辛硫磷乳油1 000倍液,或80%敌百虫粉剂1 000倍液喷雾。

6. 收获　菠菜6月底7月初采收。胡萝卜8月采收,也可按市场情况采收上市。

(四)春胡萝卜、秋番茄、花椰菜
套种栽培技术

春胡萝卜、秋番茄、花椰菜套种栽培是一种高产高效栽培模式,保证春胡萝卜产量,主攻秋番茄高产,额外增收一些花椰菜。这种栽培模式在宁夏银川平原已经取得了显著效益。现将银川地区栽培技术要点介绍如下,供其他地区因地制宜参考借鉴。

1. 茬口安排 银川地区,胡萝卜采取小拱棚加地膜覆盖栽培,3月底播种,畦栽,7月初收获;套种秋番茄于4月底穴盘育苗,6月初定植到胡萝卜畦间预留带中,8月上旬至10月初收获;复种花椰菜于6月中旬穴盘育苗,7月中下旬定植于胡萝卜收后的畦内。

2. 品种选择 胡萝卜品种选择蜡烛红;秋番茄选择上海903;花椰菜品种选择中熟或中晚熟品种,如日本祥云。

3. 栽培技术要点

(1)胡萝卜栽培技术要点

①整地播种 头年秋天深耕晒垡,浇足冬水,每667米² 秋施碳酸氢铵75千克。翌年3月下旬土地解冻后犁地,结合整地施入腐熟有机肥3 000千克、磷酸二铵40千克、硫酸铵30千克。地平整后做畦,畦宽1.2米,畦高25厘米,畦与畦间预留宽1米的番茄定植带。畦面覆盖打孔的地膜,行株距10厘米×10厘米。在打孔处穴播,穴深1.5厘米,每穴5~6粒。播后将播种穴洒湿至不积水,然后用过筛的细湿土覆土厚约1厘米。

②田间管理 胡萝卜播种后搭建小拱棚。4月上旬胡萝卜出苗,在1~2片真叶、3~4片真叶时进行2次间苗,4~5片真叶时定苗。结合间苗、定苗除草。在胡萝卜播种至出苗期间,一般密闭保温保湿不通风;出苗后,注意通风。5月中旬随着露地气温的升高撤去小拱棚。

一般在 4 月下旬或 5 月上旬浇 1 次水,水量不宜过大。5 月下旬至 6 月初番茄定植之前,是胡萝卜肉质根膨大期,再浇 1 次水。6 月中旬肉质根迅速膨大期应追肥 1 次,每 667 米^2 追施磷酸二铵 15～20 千克、硫酸钾 10 千克、尿素 10 千克。当胡萝卜生长后期,如果植株徒长,可用 15% 多效唑可湿性粉剂 1500 倍液喷施叶面,抑制叶片生长,促进肉质根膨大。

③病虫害防治　主要防治黑腐病、黑斑病、细菌性软腐病等病害,蛴螬、蝼蛄、金针虫等虫害。

④收获　一般 7 月初就可分批收获。

(2)秋番茄栽培技术要点

①穴盘育苗　一般 4 月穴盘育苗,以避开高温和病虫危害,培育壮苗。常用基质为泥炭、珍珠岩、蛭石、海沙及少许有机肥、复合肥配比而成,基质 pH 值要求 5.4～6.0。基质提前 7～10 天进行消毒,每立方米旧基质用 40% 甲醛 40～100 毫升对水稀释后喷洒,拌湿、拌透,覆盖塑料薄膜堆闷 5 天,摊晾,甲醛味散尽后使用。每立方米新基质用 50% 多菌灵可湿性粉剂 150 克或 50% 苯菌灵可湿性粉剂 75 克拌匀,覆薄膜堆闷 3～5 天,摊晾,药味散尽后使用。穴盘消毒用高锰酸钾 1000 倍液或 40% 甲醛 100 倍液浸泡 30 分钟,洗净待用。用 55℃～60℃ 温水浸种催芽,催芽温度保持 25℃～30℃,3～4 天出芽。基质装盘,播种,播后覆盖基质。

②苗期管理　基质在出苗前要保持湿润,当幼苗顶出基质时轻浇水 1 次,防幼苗干枯或"戴帽"出土。一般播种至出苗白天保持 28℃～30℃,夜晚 20℃;出苗后至真叶出现,白天保持 20℃～25℃,夜晚 10℃～15℃。当育苗期外界温度较高时,于中午适当遮阴。出苗后减水控温,加强通风,促使幼苗生长健壮。心叶伸出后,注意浇水,基质不要干燥。育苗期一般不需追肥。若供肥不足,可每升水中加 50～100 毫克尿素或用三元复合肥溶液喷灌,或用配制好的专用肥追施 1 次。

③定植　当苗龄 35 天,于 6 月初定植到胡萝卜畦间预留带中。畦上覆盖地膜,每畦定植 2 行,行距 60 厘米,株距 30 厘米,按株行距打孔,将苗栽入,浇水封土,顺畦沟浇透水。每 667 米² 栽苗约 3 000 株。

④中耕除草　番茄定植成活后到开花坐果前以中耕松土、控水蹲苗为主。中耕松土、清除杂草,一般进行 2～3 次。

⑤肥水管理　田间 90％以上植株坐果且番茄有核桃大时浇水 1 次,以后根据天气情况酌情浇水,不要大水漫灌,下雨后及时排出田间积水。追肥结合浇水进行,第一次浇水时每 667 米² 追施磷酸二铵 15～20 千克、硫酸钾 10 千克、尿素 10 千克。整个生育期追肥 2～3 次。

⑥插架、整枝、绑蔓　株高 25～30 厘米,开始匍匐地面时用竹竿插架,架高 1～1.2 米。搭成"人"字形架或双"人"字形架。早熟品种采用一干半整枝或双干整枝。一干半整枝,指在第一穗果留 1 个侧枝,侧枝上留 1 穗果摘心,主枝留 2 穗果摘心;双干整枝,指在第一穗果下留 1 个侧枝,主、侧枝各留 2 穗果摘心。整枝后用稻草绑蔓,每隔 20～25 厘米绑 1 次。当第一穗果达到绿熟期时,摘除下部老叶和病叶。

⑦病虫害防治　病害主要有病毒病、早疫病、晚疫病。病毒病的早期防治可用磷酸三钠或高锰酸钾溶液浸种,此外还可用1.5％植保灵乳油 1 000 倍液防治,外加 1％硝酸钾液根外追肥。早疫病可喷洒 50％异菌脲可湿性粉剂 1 000～1 500 倍液。虫害主要是棉铃虫和蚜虫。棉铃虫可用 50％辛硫磷乳油或 80％敌百虫可湿性粉剂 1 000～1 500 倍液。蚜虫可每 667 米² 用 2.5％溴氰菊酯乳油 20～30 毫升对水喷雾防治。禁止采收期喷药。

⑧收获　套种秋番茄一般在 8 月上旬开始采收,9 月底至 10 月初结束。

(3)花椰菜栽培技术要点

①育苗、定植　花椰菜于6月中旬穴盘育苗,苗龄40天左右。胡萝卜收获后的畦间种1行花椰菜。7月中下旬定植,行距60厘米、株距30～45厘米。可以在畦面打孔种植,孔径8～10厘米,孔深10厘米。栽苗后浇水,也可直接在畦面按行距开沟浇水后按株距将苗栽入,水下渗后封土。

②肥水管理　定植后浇缓苗水,此后蹲苗7～10天。8月中下旬现蕾前要供给充足的水肥,特别是花芽分化前后及花球膨大期不可缺水,否则影响花球长大。定植后结合浇水,8～9片叶时第一次追肥,每667米² 追施磷酸二铵20千克、氯化钾5千克、尿素10千克;显花球时第二次追肥,每667米² 施磷酸二铵10千克、氯化钾5千克、尿素5千克。当植株出现小顶花球时可第三次追肥,同时叶面喷施0.2%硼砂溶液和0.3%磷酸二氢钾溶液。以后视植株长势追肥。

③病虫害防治　病害主要有霜霉病、黑腐病、软腐病、黑斑病;虫害主要有蚜虫、菜青虫、小菜蛾。霜霉病在发病初期用58%甲霜·锰锌可湿性粉剂600倍液,或72%霜脲·锰锌可湿性粉剂500～600倍液喷雾防治。黑腐病、软腐病在移栽苗成活后用77%氢氧化铜可湿性粉剂500倍液,或47%春雷·王铜可湿性粉剂800倍液喷雾。黑斑病在发病初期可用50%多菌灵可湿性粉剂500倍液喷雾防治。蚜虫可用10%吡虫啉可湿性粉剂2 500倍液喷洒。菜青虫、小菜蛾可用氟虫苯甲酰胺悬浮剂防治。

④收获　9月中旬可以陆续收获。

(五)绿芦笋套种胡萝卜栽培技术

绿芦笋与胡萝卜套种,提高复种指数的同时提高了经济效益。以北方地区为例,将此栽培技术要点介绍如下。

1. 茬口安排　绿芦笋在北方地区一般1月上中旬在日光温

室中进行育苗,当幼苗地上茎长出 3 根以上时进行移栽定植;春胡萝卜 3 月下旬至 4 月上旬播种,播种后 90～100 天收获。

2. 品种选择　绿芦笋品种目前大多数是从国外进口,一般选择格兰德、UC115 和 UC157 等。胡萝卜品种主要选择日本的红誉五寸、新黑田五寸人参、夏蒔五寸、金港五寸等。

3. 栽培技术要点

(1)绿芦笋栽培技术要点

①种子处理　购买通过休眠期的种子。播种之前晒种 2～3 天,按品种说明或做发芽率试验确定播种量。因为绿芦笋种子皮厚坚硬,吸水困难,发芽缓慢,所以对晒种后的种子要进行漂洗、消毒、浸种、催芽,一般在播种前 20 天进行。先将种子放入凉水中漂洗,除去秕种和虫蛀种,留下饱满的种子。漂洗后对种子进行药剂消毒处理,杀死种子表面的病原菌。浸种消毒法有两种:一是用 50％多菌灵可湿性粉剂 50 克或 70％甲基硫菌灵可湿性粉剂 50 克,加水 12.5 升,充分溶解后,放入种子 10 千克,浸种 24 小时;二是用 5％次氯酸钠 1 份,加清水 4 份,浸种 2 分钟后捞出,再用流动冷水冲洗 1 分钟。然后浸种催芽,将种子浸泡在 30℃温水中 2～3 天,为了防止闷种,每天用温水冲洗种子 2～3 次,待种子充分吸水膨胀后,捞出沥干,种子表面盖一层湿布保持湿润,温度控制在25℃～30℃,当 10％～15％的种子萌动露白时即可播种。

②育苗　一般在 1 月上中旬于日光温室中采取营养钵基质育苗。营养土一般用筛后的疏松、肥沃土 8 份,腐熟的圈肥 2 份;或者用 50％塘泥,30％细河沙,15％草木灰,1.5％复合肥,0.5％尿素,1％磷肥,2％氯化钾;加入适量水混合配制。达到营养土手握成团,落地即散为宜。将营养土装入 10 厘米×10 厘米的营养钵,基质面一般离钵口 1 厘米左右即可。装好后,每个营养钵内点播 1～2 粒种子,覆盖一薄层营养土,再用稻草覆盖,摆好育苗盘,适当淋水保持营养土和稻草湿润,最好搭上遮阳网遮阴。

③苗期管理 绿芦笋约需 40 天齐苗。从种子萌芽至幼苗生长期间,管理重点是搞好环境控制,尽量满足萌芽及幼苗生长发育对环境的要求,培育壮苗。要调节好温湿度。发芽期间,白天温度控制在 25℃～30℃,营养土要保持湿润。50% 种子出苗时,要逐步揭去稻草,避免幼苗纤弱和伸展不利。幼苗生长期温度白天 20℃～25℃,夜间 16℃～18℃,同时注意增加光照时间。

幼苗期追肥要薄肥勤施。当苗高达 10 厘米时轻施肥,按 0.6% 尿素对水,每 667 米² 泼施 300～400 千克。以后每隔 15～20 天追肥 1 次,每次施稀人粪尿(50 千克人粪尿对水 250 升),或 0.5～1 千克尿素对水 50 升泼施。在第二条地上茎抽出时,施肥浓度要适当增加。

幼苗生长期怕旱,更怕涝。旱情轻时生长缓慢;旱情重时茎叶枯黄,生长停滞。因此,视营养土湿度状况适时淋水。当雨水较多时及时排水,防止水渍烂根。

苗期病虫害防治:幼苗生长期茎秆组织比较幼嫩,抗病力弱,要调节好苗床温湿度,避免高温多湿。若发生病害,可选用 70% 甲基硫菌灵可湿性粉剂 500 倍液,或者用多菌灵、百菌清等药剂防治。虫害主要防治夜蛾科幼虫,可用敌百虫粉剂、毒丝本等农药防治。

④定植 深翻整地。按南北行向挖定植沟,行距 1.2～1.4 米,株距 25 厘米,沟宽 40 厘米,沟深 40～50 厘米。每 667 米² 将 5 000 千克的土杂肥拌土填入沟内,沟面要略低于地平面,垄面呈中间高、两边低的小拱面,土细面平。

当芦笋幼苗地上茎长出 3 根以上时,选取苗高 40 厘米以上、地茎粗 0.5 厘米、根系发达、无病虫害的健壮苗进行移栽定植。起苗时可先沿笋苗株行中间,用铁铲割成方块,然后带土将苗起出,按株距 25 厘米,笋苗鳞茎盘低于定植沟表面 10～12 厘米栽于定植沟间,然后浇水。要适时松土保墒。

⑤定植后管理 定植后要视墒情适时浇水。为加速笋苗生长,定植1个月后每667米²追施三元复合肥20～25千克。注意蚜虫危害,要及时喷洒吡虫啉、啶虫脒等进行防治。

(2)春胡萝卜栽培技术要点

①种子处理 春胡萝卜北方一般在3月下旬至4月上旬播种。选择干净的新鲜种子,晴天晒种1～2天,温水浸种5～6小时,稍晾后装袋闷种10小时,然后播种。

②整地施肥 胡萝卜播在绿芦笋行间,平畦栽培,畦宽1～1.2米,行距约25厘米。耕前每667米²施入腐熟粪肥2 500～3 500千克或堆肥4 000～5 000千克、三元复合肥40～50千克,深耕25～30厘米,耙细整平。

③间苗、定苗 一般进行2次间苗。1～2片真叶时间苗,4～5片真叶时定苗,株距10～12厘米,每667米²留苗6万株左右。定苗后进行2次浅中耕除草。植株封垄前进行最后1次中耕,将细土培至根头防止青头。

④肥水管理 胡萝卜的发芽和幼苗期正值早春低温,不是特别干旱一般不浇水。5～6片真叶时即破肚期,可结合浇水每667米²施硫酸铵或尿素10～15千克,或腐熟人粪尿1 000千克。7～8片真叶时要适当控制浇水,加强中耕松土,促使主根下伸和须根发展,防止叶部旺长。当肉质根手指粗细时,要及时结合浇水进行追肥。以小水勤浇为原则,使土壤经常保持湿润。

⑤收获 胡萝卜播种后90～100天,当叶片不再生长、下部老叶变黄时即可收获。

⑥春胡萝卜收获后绿芦笋的管理 春胡萝卜收获后及时耙平绿芦笋行间土地,同时进行培土。8月追肥1次,每667米²追施尿素20千克,硫酸钾复合肥20～25千克。立冬前后浇1次大水,然后适当培土,一般培土10～15厘米厚,保墒保温,保护幼笋安全越冬。

(六)胡萝卜套种玉米栽培技术

胡萝卜套种玉米的立体种植遵循了高秆作物与矮秆作物套种的原则,玉米能为胡萝卜生长后期起到遮阴作用,降低田间温度,有利于肉质根的生长。同时,也增加了土地的利用率,效益也比较可观。栽培技术要点如下。

1. 茬口安排 当地春胡萝卜播种期的选择应以 5 厘米地温稳定在 8℃~12℃ 时为宜。长江流域以北一般 3 月至 4 月初播种,以 2.1 米为一种植带起垄,垄距 30 厘米,垄宽 60 厘米,高 15 厘米。垄上双行播种胡萝卜种子,行距 17~20 厘米,沟深 3~4 厘米。4 月中下旬在两垄之间种植 1 行玉米,株距 24 厘米,每 667 米² 留苗 1 300 株。胡萝卜最迟于 7 月中旬收完,糯玉米于 8 月中下旬收获完成。

2. 品种选择 胡萝卜早熟栽培宜选择早熟、冬性强、不易先期抽薹、耐热性强的品种,目前生产上多用红芯 5 号、红芯 6 号、日本黑田五寸人参等品种。玉米选用丰产大穗、植株紧凑型的品种,如中糯 1 号等。

3. 整地、施肥、播种 前茬作物收获后,及时耕翻、晒墒。播种前,浇底水造墒,每 667 米² 施有机肥 3 000 千克、磷酸二铵 50 千克、过磷酸钙 20 千克、优质复合肥 100 千克。基肥施入后,深耕 25~30 厘米,耙平,起垄,土壤要求疏松细碎,以提高出苗率。

春播气温低,胡萝卜发芽慢,采用浸种催芽的方法来提早出苗。在垄上小沟内,可人工播种,也可以用小型播种机播种。播时可将适量细沙与种子拌匀播种,播种量比秋播稍大些。覆土 1.5~2 厘米厚,镇压,镇压后仍能留 2~3 厘米浅沟,防止出苗后薄膜烧苗,覆 80 厘米宽的薄膜,增温、保湿。为了防治草害,可在播前用除草剂 48% 氟乐灵乳油 140 毫升对水 75 升,或播后苗前用施田补乳油 100~150 毫升对水 90 升均匀喷雾于土表。4 月 20

日左右,在两垄之间锄种 1 行玉米。

4. 田间管理要点 胡萝卜齐苗后第一次间苗前,在无风的晴天上午揭去薄膜。当胡萝卜 2～3 片真叶时,按株距 3～4 厘米留苗;5 月上中旬,胡萝卜 5～6 片真叶时定苗,苗距 10～20 厘米,结合间苗、定苗进行中耕松土、除草除去弱苗,中耕不能过深,以防伤根。定苗后封垄前进行深中耕并培土,防止根头变青。

播种后保持土壤湿润,保证苗齐、苗全。应在空当间浇小水。齐苗后,应少浇水,多中耕松土,提高地温。定苗后,追肥浇水 1次,并进行中耕蹲苗,每 667 米^2 追施尿素 10 千克。

5 月底 6 月初,胡萝卜开始进入肉质根膨大期,玉米进入拔节孕穗期,结合浇水进行追肥,每 667 米^2 施三元复合肥 30 千克,同时针对糯玉米分蘖性强的特点,及时打杈促进壮苗形成。胡萝卜春种夏收注意防治蚜虫,可用 20％吡虫啉可溶性液剂 2 500～5 000 倍液喷雾。

5. 收获 胡萝卜叶片不再生长、下部叶片变黄时即可采收,也可根据市场需要,提前收获。糯玉米主要供应市场,可在乳熟期根据市场需要收获。

(七)春棉花、胡萝卜套种栽培技术

在棉花种植区,为了进一步提高春播棉田的经济效益,增加农民经济收入,结合棉花生产实行春棉花、胡萝卜套种高产高效栽培模式。据测算,一般每 667 米^2 可生产皮棉 100 千克以上,鲜胡萝卜 4 000 千克左右,不但解决了夏季胡萝卜的市场供应,而且实现了棉花、胡萝卜双增收的目的,经济效益比较显著。

1. 茬口安排 棉花、胡萝卜同时于 4 月上旬播种,胡萝卜于 6月下旬至 7 月上旬收获,棉花于 11 月上旬采摘完毕。

2. 品种选择 棉花选择适宜当地生长的高产抗病优质品种,如苏棉 18 号及高产优质鲁棉品种等;胡萝卜选择早熟优质高产品种,如红芯 4 号等。

3. 整地施肥 冬季深耕,耕前施足基肥,主要以有机肥为主,一般每 667 米² 施有机肥 3 000 千克左右、25％复混肥 50 千克。精细整地,棉花种植在垄上,胡萝卜撒播在两垄之间的畦面上,垄宽一般为 80 厘米,垄高为 10 厘米,两垄之间做 65 厘米宽的平整畦面。

4. 播种 棉花和胡萝卜均采用露地直播方式。春播一般在日均温 10℃左右、夜均温 7℃时播种。棉花一般行距 80 厘米,株距 25 厘米。胡萝卜在两垄之间的畦面上播种,撒播,播后立即在畦面上盖细土,再在畦中间用锄头划出小浅沟以利排水。

5. 田间管理要点 从播种到胡萝卜收获,棉花、胡萝卜共生期一般在 3 个月以内。胡萝卜一般于 6 月底至 7 月上旬收获,这时棉花生长正处于苗期到蕾铃初期,加强共生期的管理是关系到两种作物产量高低的关键,也是该套种技术成败的关键。要及时结合中耕人工除草,以达到除草、增温、保墒、防板结的目的,促进作物的早生快长。要加强肥水管理。棉花齐苗后,轻施 1 次提苗肥,结合浇水每 667 米² 浇施尿素 2～3 千克。胡萝卜的整个生长期可结合浇水施速效肥 2～3 次,一般在胡萝卜定苗后和肉质根膨大期追施,前期浓度宜稀,后期可稍浓,整个生育期保证胡萝卜有充足的水分。棉花苗期的主要病虫害有炭疽病、立枯病、腐斑病及棉蚜、红蜘蛛、蓟马等;胡萝卜主要虫害有蚜虫等,要综合防治。

6. 采收后管理 胡萝卜采收后,要及时对棉花垄进行覆土,增加棉花根部的土壤厚度,促进棉花的正常生长。其后棉花即可进入正常蕾期、花铃期、吐絮期及收获期的大田管理阶段。

(八)甘蓝、胡萝卜一年两熟露地栽培技术

甘蓝、胡萝卜一年两熟露地栽培模式在河北省获得了显著效益,以此为例,将河北省栽培技术要点介绍如下,供其他地区参考。

1. 茬口安排 甘蓝1月初阳畦育苗,3月下旬至4月初定植,6月中旬开始收获;7月下旬露地直播胡萝卜,一般在10月中下旬收获。

2. 品种选择 甘蓝选用适合早春栽培的早熟、高产、耐低温品种,如中甘21号等;胡萝卜选用适合秋季栽培的优质高产型品种,如日本新黑田五寸人参等。

3. 栽培技术要点

(1)甘蓝栽培技术要点 育苗栽培。1月上旬阳畦育苗,3月下旬至4月初定植。定植前结合整地每667米² 施有机肥2 000~3 000千克、磷肥25~30千克。平畦种植,按40厘米行距开沟,株距40厘米,定植后浇水。当甘蓝新叶生长时,每667米² 追施尿素7~8千克。当甘蓝球长到7~8厘米时,每667米² 冲施尿素15千克。此后,每隔5~6天浇1次水。生长期主要防治蚜虫。

(2)胡萝卜栽培技术要点 甘蓝收获后,结合整地每667米² 撒施充分腐熟的有机肥2 500千克、三元复合肥30~40千克,深翻25~30厘米,耙2~3遍,平畦种植。7月下旬畦面划浅沟播种,行距20厘米,沟深1~2厘米,力求深浅一致,覆土1厘米厚,踩实,浇水。胡萝卜共间苗3次,分别在1~2片真叶时、3~4片真叶时进行2次间苗,同时拔除杂草。5~6片真叶时定苗,株距10厘米。定苗结束后,结合中耕除草,每667米² 施尿素5~10千克,不是特别干旱不要浇水。9月中下旬,肉质根开始膨大时,结合浇水每667米² 施三元复合肥25千克。生长期主要防治黑斑病。

(九)小茴香、胡萝卜一年两熟栽培技术

小茴香、胡萝卜一年两熟高效栽培生产模式可以获得更高的产量和更大的经济效益,在新疆地区经济效益显著。现将新疆地区的栽培技术要点介绍如下,供其他胡萝卜主栽地区参考。

1. 茬口安排　小茴香于 2 月下旬至 3 月初,当 5 厘米地温稳定在 4℃～6℃时播种,6 月下旬收获种子。随后播种胡萝卜,10 月中下旬收获。

2. 品种选择　小茴香选择安息茴香或吐鲁番茴香等品种,胡萝卜选用黑田五寸系列等品种。

3. 栽培技术要点

(1)小茴香栽培技术要点　结合整地每 667 米^{2}用 48%氟乐灵乳油 100 毫升对土壤进行封闭处理,施入基肥磷酸二铵 10 千克、尿素 5 千克、硫酸钾 5 千克。整地后按 15～20 厘米的行距机械或人工条播,播深 2～3 厘米。当小茴香 3～4 片叶时定苗,株距 3～5 厘米,每 667 米^{2}保苗 7 万株左右。苗期人工除草,或每 667 米^{2}用 10.8%高效氟吡甲禾灵乳油 20～30 毫升化学除草。5 月中下旬抽薹期浇第一次水,结合浇水每 667 米^{2}追施尿素 10 千克,生长期需浇 2～3 次水,忌高肥水。当 6 月中下旬,70%叶片衰老,籽粒饱满时,及时分批采收晾晒。

(2)胡萝卜栽培技术要点　小茴香收获后随即浇水洇地,深耕整地。结合整地每 667 米^{2}施入基肥磷酸二铵 10～15 千克。平畦种植,行距 20～25 厘米,条播,沟深 1～2 厘米。播后覆土,镇压,浇透水,7 天左右可以出苗。胡萝卜出苗前每 667 米^{2}可用 41%草甘膦异丙铵盐水剂 150～200 毫升,对水 30 升喷洒,防除杂草;或于 7 月下旬齐苗后用 10.8%高效氟吡甲禾灵乳油 20～30 毫升喷雾防除单子叶杂草。7 月底至 8 月初间苗、定苗,株距 5～7 厘米。定苗后结合浇水每 667 米^{2}追施尿素 10 千克。以后每隔 20 天左右浇 1 次水,10 月上旬浇最后 1 次。管理中尽量减少浇水次数,控制大田湿度,防治软腐病的发生。10 月中下旬(封冻前)收获,以确保胡萝卜根茎不受冻害。

（十）西瓜、夏阳白菜、胡萝卜
一年三熟栽培技术

在低平缓的丘陵山地，可以采取西瓜、夏阳白菜、胡萝卜一年三熟的栽培模式。这一模式在广西南宁地区已经取得了高产高效的栽培经验，一般每 667 米² 年产值超过 14 000 元。现将南宁地区的栽培技术要点介绍如下，供西南类似地区参考。

1. 茬口安排　4 月初清明前后种西瓜，7 月初种夏阳白菜，9 月底或 10 月初种胡萝卜。

2. 品种选择　西瓜品种选择黑超人和黑丽宝。夏阳白菜选择日本夏阳白早 50。胡萝卜选择新黑田改良五寸人参、美国助农大根、美国红冠等。

3. 栽培技术要点

（1）西瓜栽培技术要点　结合整地每 667 米² 施农家肥 2 500 千克、饼肥 100 千克、含量 45％三元复合肥 40 千克，整地后，用地菌灵或多菌灵撒施进行土壤消毒，按行距 2 米起垄，覆盖地膜。在垄中央每隔 60～80 厘米挖一坑，坑中央放一铲土压实。

4 月清明前，选择 3 叶 1 心的优质嫁接苗于晴天移栽，栽后浇足定根水。苗期结合浇水每 667 米² 施尿素 10 千克，隔 5～7 天再用 45％三元复合肥 20 千克促苗生长。开始伸蔓后，每株留 3～4 条粗壮的结果蔓，多余的摘除。一般留第二或第三朵雌花结瓜最好。一般每 667 米² 留瓜 1 000 只以上。小瓜出现后，可用氯吡脲涂瓜，不授粉。当瓜长到 1～1.5 千克时，每 667 米² 追 45％三元复合肥 20 千克，促瓜膨大。长瓜后要进行垫瓜、翻瓜、晒瓜和盖瓜等精心护理。

西瓜病害主要有霜霉病、炭疽病、枯萎病、白粉病等。霜霉病可用霜脲·锰锌或烯酰吗啉防治，炭疽病可用福·福锌防治，枯萎病可用噁霜灵防治，白粉病可用三唑酮防治。西瓜虫害主要有蚜虫、瓜绢螟等。蚜虫可用吡虫啉防治,瓜绢螟可用甲氨基阿维菌素苯甲酸盐、氟虫腈等防治。

(2)夏阳白菜栽培技术要点　结合整地每 667 米² 施腐熟的农家肥 2 500～3 000 千克、45％三元复合肥 50 千克。平整后起畦,畦宽 1 米、畦高 25～30 厘米、畦沟 35 厘米。

7月上旬直播。株行距 30 厘米×40 厘米,穴播,每穴种子2～4粒,播后盖 1 厘米厚细土,整平压实,浇足水。2～3 片真叶时,进行第一次间苗,每穴留 2 株;4～5 片真叶后进行定植,每667 米² 留苗 3 200～3 400 株。定苗后结合浇水每 667 米² 追施尿素 5 千克,5～7 天后再追施 45％三元复合肥 20 千克促苗。在莲座初期(种植 25～28 天)每 667 米² 追施蔬菜专用复合肥 50 千克、尿素 10 千克。整个生育期要保持土壤湿润。夏季温度高、雨水多、土壤水分蒸发快,高温干旱时应加大浇水量,降雨多时及时排水,杂草及时清除。收获前 5 天停止浇水。在叶球基本形成后,可以根据市场行情及时采收。

夏阳白菜病害主要有霜霉病和软腐病。霜霉病常用甲霜·锰锌、霜脲·锰锌、烯酰吗啉、烯酰·锰锌等防治。软腐病可用硫酸链霉素等防治,出现病株及时拔除。虫害主要有小菜蛾、菜青虫,可用阿维菌素、毒死蜱、氟虫腈、甲氨基阿维菌素苯甲酸盐等防治。

(3)胡萝卜栽培技术要点　结合整地每 667 米² 施腐熟农家肥 2 500～3 000 千克、草木灰 1 000～2 000 千克、45％三元复合肥30 千克。深耕细耙,畦栽,畦宽 1 米、畦高 25 厘米。

一般在 9 月底或 10 月初播种,每 667 米² 用种量 500～600克。条播,行距为 18～20 厘米,播后覆盖 1 厘米厚细土,浇透水,利于出苗。胡萝卜齐苗后,要进行 1～2 次间苗。2～3 片真叶时第一次间苗,株距 2～3 厘米;4～5 片真叶时进行定苗,株距 10 厘米。结合间苗拔除杂草。胡萝卜整个生长期土壤要保持湿润。出苗后浇 1 次水,间苗、定苗后 3～5 天浇 1 次水,块根膨大期 5～7

天浇 1 次水,生长 90 天后,根据土壤湿润情况浇水。间苗、定苗后每 667 米² 追施尿素 5～10 千克壮苗;7～10 天后追施 45％三元复合肥 50 千克,加氯化钾 20 千克。1 个月后再追肥,施肥量和上次一样。

胡萝卜病害少,可能发生褐斑病、软腐病。发病后要及时控制水分,掌握好土壤的湿度。发病时用氢氧化铜、百菌清、多菌灵等防治。

(十一)大根萝卜、青玉米、胡萝卜 一年三熟栽培技术

1. 茬口安排 以江苏地区为例,早春大根萝卜采用小拱棚起垄栽培,2 月底播种,5 月中下旬收获;青玉米于清明节前后播种,在萝卜垄沟穴播,7 月中旬采收;胡萝卜于 8 月上旬播种,12 月上旬收获。

2. 品种选择 大根萝卜选择抗寒性强、耐抽薹的品种,如日本理想大根。青玉米选用生育期短的糯性品种,如苏玉糯 1 号、中糯 1 号、中糯 2 号、沪玉糯 2 号、沪玉糯 3 号等。胡萝卜选用日本新黑田五寸人参。

3. 栽培技术要点

(1)大根萝卜栽培技术要点 播种前结合深耕施肥整地,一般每 667 米² 施腐熟有机肥 2 000～3 000 千克、45％三元复合肥 30～50 千克。起垄栽培,垄面宽 40 厘米,垄高 20～25 厘米。垄面开行穴播,行距 30 厘米,株距 25 厘米,每穴 2～3 粒种子,播后覆土 0.5 厘米厚。每两垄用竹片做成小拱棚,覆盖长寿流滴消雾膜。

幼苗 2～3 片叶间苗 1 次,5～6 片叶定苗,每 667 米² 留苗 8 000 株左右。间苗后中耕松土、培土。每次间苗后每 667 米² 施尿素 10 千克作提苗肥。莲座期植株生长迅速,当肉质根刚露肩时,追施膨大肥,每 667 米² 施尿素 10～15 千克。萝卜怕旱,当棚内土壤稍

发白时,浅水浇灌,忌大水漫灌。萝卜充分膨大后要及时采收。

大根萝卜病虫害有蚜虫、小菜蛾、霜霉病、黑腐病等。防治蚜虫可用 10% 吡虫啉可湿性粉剂 4 000~6 000 倍液;防治小菜蛾用氯虫苯甲酰胺;防治霜霉病、黑腐病可用 75% 百菌清可湿性粉剂 500 倍液,或 58% 甲霜·锰锌可湿性粉剂 500 倍液,或 40% 三乙膦酸铝可湿性粉剂 200~300 倍液。

(2)青玉米栽培技术要点　选择清明前后晴暖天气,在大根萝卜垄沟穴播 1 行,穴距 25~30 厘米,每穴 2 粒。若土壤墒情不足,应适当补充水分,以便玉米出苗。4~5 叶或大根萝卜收获后定苗,每穴留 1 株,中耕松土除草,每 667 米² 穴施尿素 5~10 千克,适当追施有机肥和磷、钾肥。孕穗期应注意中耕松土、除草、追肥,每 667 米² 穴施尿素 10~15 千克。根据土壤墒情补充水分,抽雄前要求土壤含水量为 80%,应视情况及时浇水。在授粉后 20~25 天,花丝发枯转成深褐色时,糯玉米作为鲜食即可采收上市。

春播玉米主要防治地下害虫和玉米螟。播种时可用辛硫磷或乐果 2 000~3 000 倍液拌种,也可在苗期用 90% 晶体敌百虫 1 千克对水适量拌入 60~80 千克炒香的麸皮后撒于玉米苗周围。防治玉米螟可在孕穗期接种赤眼蜂卵来控制。

(3)胡萝卜栽培技术要点　8 月初,深耕整地,每 667 米² 施腐熟有机肥 2 000~3 000 千克、45% 三元复合肥 30~50 千克。起垄,垄高 20~25 厘米、宽 25~30 厘米。单垄双行栽培,行距 15~20 厘米,播种沟深 1 厘米,条播,覆盖细土,压实,浇足底水,垄面撒盖一薄层秸草。出苗 50% 时清除畦面杂草,2~3 叶期间苗,苗距 4~5 厘米,5~6 叶期定苗,苗距 8~10 厘米。定苗后结合浇水每 667 米² 施尿素 5~10 千克。生长期要保持土壤湿润,但要防止田间积水。12 月上中旬,当生长期达 110~120 天,肉质根达到收购标准时及时采收。

胡萝卜病虫害较少。注意防治蚜虫、黏虫和黄条跳甲,可用苏云金杆菌、氟虫腈等药剂。在雨涝期及时喷洒异菌脲等药预防霜霉病、黑斑病。具体防治方法参见第六章有关内容。

(十二)早春水萝卜、夏黄瓜、秋胡萝卜一年三熟栽培技术

1. 茬口安排 以陕西地区为例,一般早春水萝卜2月中旬播种于中棚内,4月下旬至5月上旬陆续收获;夏黄瓜3月下旬在小拱棚中育苗,5月上旬定植,6月上旬至7月中旬陆续收获;秋胡萝卜7月下旬播种,11月下旬收获。各地可按当地气候因地制宜安排播期。

2. 品种选择 水萝卜选择早熟、速生、单根重较小的品种,如小五缨等。黄瓜选择耐热、耐涝、抗病、优质、高产的品种,主要有津春4号、津杂系列、津优系列。胡萝卜选择综合性状好、高产的优质品种,如透心红、宝胡89-11等。

3. 栽培技术要点

(1)早春水萝卜栽培技术要点 结合整地施足基肥,每667米^{2}施腐熟有机肥3000~5000千克、磷酸二铵15~20千克。6米宽中棚内起垄10行,行距40厘米,采用半高垄拱棚覆盖栽培,先浇水后点播,株距8厘米,每667米^{2}用种量约500克。

播种后立即扣膜。齐苗后,除阴天外,均应在白天适当通风,保持白天温度18℃~20℃,夜间8℃~12℃。幼苗2叶1心时,加大通风量,保持白天18℃左右,控制叶丛生长,促进直根膨大。在子叶期和2~3片真叶期各间苗1次。4~5叶期定苗,每667米^{2}保苗2000~2100株。间、定苗后及时划锄1~2次,疏松土壤,提高地温。在直根"破肚"时浇"破肚水",以促进肉质根膨大。7~10天后再浇1次水即可,收获前不再浇水。

早春水萝卜生育期一般为50~60天,4月下旬可陆续采收

上市。

(2)夏黄瓜栽培技术要点 3月下旬采用小拱棚育苗。当水萝卜收获完毕后,清洁田园,深翻整地。结合整地每 667 米² 基肥施腐熟有机肥 5 000 千克、三元复合肥 20 千克。起垄栽培,垄宽 60 厘米,垄间距 50 厘米,覆盖 70 厘米宽地膜。5月上旬选壮苗定植到大田中,株距 25 厘米,每 667 米² 定植 3 500～4 000 株。

夏黄瓜需肥量大,追肥要少量多次,注意配合施用磷、钾肥。定植缓苗后追施提苗肥 2 次,每 667 米² 施腐熟人粪尿 500 千克,插架前再追施腐熟人粪尿 900 千克。结果后每采收 2 次,追肥 1 次,每次 667 米² 追施尿素 10 千克或三元复合肥 15 千克。浇水的原则是小水勤浇,小苗以控为主,及时中耕,促进根系发育。炎热天暴雨过后要"涝浇园",为降低地温防止沤根,可在傍晚灌水。

5月中旬开始抽蔓,及时插架、引蔓、绑蔓。幼苗期温度高、日照长,不利雌花形成,植株达 3～4 片真叶时喷 100 毫克/千克乙烯利溶液,可增加雌花数目。幼苗期、开花结果期结合防治病虫害用 0.3%磷酸二氢钾溶液叶面喷施 2～3 次。6月上旬至7月中旬开始陆续采收。

黄瓜病害主要有枯萎病、霜霉病、疫病、炭疽病、白粉病等。防治上应以农业防治为主,化学防治为辅。疫病、霜霉病可用 53%精甲霜·锰锌水分散粒剂 500～600 倍液,或 25%嘧菌酯悬浮剂 1 000 倍液喷雾防治。炭疽病可用 80%福·福锌可湿性粉剂 700 倍液。白粉病可用 32.5%苯醚甲环唑·嘧菌酯悬浮剂 1 500 倍液喷雾防治。虫害主要是蚜虫,可用 10%吡虫啉可湿性粉剂 1 500～2 000 倍液,或 10%氯氰菊酯乳油 4 000～6 000 倍液喷雾防治。

(3)秋胡萝卜栽培技术要点 黄瓜收获后及时深翻整地。结合整地每 667 米² 施腐熟有机肥 4 000～5 000 千克、硫酸钾 30～35 千克、尿素 25～30 千克、磷酸二铵 25～30 千克。平畦栽培,畦宽 1～2 米,畦长依地而定。撒播,每 667 米² 用种量约 1.5 千克,播后覆土 2 厘米厚,耙平、镇压、浇水。

幼苗长出 1～2 片真叶时第一次间苗,株距 3～4 厘米。3～4 片真叶时定苗,株行距 13～14 厘米×13～14 厘米。结合间苗、定苗中耕除草。播后出苗前土壤干旱,要适当浇水,促早出苗。幼苗期尽量控制浇水,防止造成叶片徒长。当具有 4～5 片真叶并开始"破肚"时,浇 1 次透水,引根深扎。"露肩"以后的肉质根肥大期,水分需求较多,要保持土壤湿润,切忌忽干忽湿。追肥一般进行 2 次,第一次在定苗后,每 667 米^2 追施尿素 10 千克;第二次在肉质根膨大期,每 667 米^2 追施尿素 10 千克。后期追肥最好增施磷、钾肥。11 月下旬陆续采收上市。

胡萝卜的主要病害为黑腐病,主要虫害是菜青虫等,防治方法参见第六章有关内容。

(十三)马铃薯、玉米、胡萝卜一年三熟栽培技术

粮食生产在国家粮食安全中拥有至关重要的地位。根据粮区农民的生产特点和技术水平,探索总结出的马铃薯、玉米、胡萝卜一年三熟高效种植技术,在不影响粮食生产的前提下,合理调整种植结构,提高了粮区农民的收入。

1. 茬口安排　马铃薯在 1 月上旬切块催芽,2 月 10 日左右播种,地膜覆盖,5 月下旬收获;玉米在 3 月上旬单行套种于马铃薯垄沟内,6 月下旬收获;胡萝卜 7 月中下旬播种,11 月下旬收获。

2. 马铃薯栽培技术要点

(1)品种选择　选用早熟、优质、高产的豫马铃薯 1 号、豫马铃薯 2 号、中薯 3 号、费乌瑞它、东农 303、早大白等马铃薯品种。

(2)催大芽　催大芽有利于早出苗、早成熟,一般 1 月 10 日左右切块催芽。将种薯切块后在散射光下晾晒 1 天,埋入湿润的沙(或土)内,经 20 天左右待芽长到 2 厘米左右时,将薯块扒出放到散射光下使芽绿化后播种,这样苗壮、抗病,增产效果更好。

（3）整地施肥　如果干旱，要提前浇水，以保证适墒播种。因要套播玉米，中间追肥不便操作，所以整地时肥料要一次施足。每 667 米² 施腐熟有机肥 5 000 千克，三元复合肥（15-15-15）100 千克（或磷酸二铵 30 千克、尿素 30 千克、硫酸钾 30 千克），硫酸锌 1 千克，硼砂 0.5 千克。

（4）播种　河南省及中原地区适宜的播期是 2 月 10 日左右，5 月中下旬收获。起垄，垄面宽 60 厘米，垄沟宽 20～25 厘米，一垄双行，小行距 20～25 厘米，株距 20～25 厘米，深度一般在 15 厘米左右。播种后覆盖地膜，出苗时要及时破膜，以免烧苗。

（5）田间管理　生长期间要保持土壤湿润，小水勤浇，忌忽干忽湿，大水漫灌。生长中后期，视生长情况可进行 1 次叶面施肥，喷 0.2% 磷酸二氢钾。春季病害很少，如发生早疫病或晚疫病，可用嘧菌酯、甲霜灵等防治。虫害有蚜虫、地老虎、蝼蛄、蛴螬，蚜虫可用抗蚜威、吡虫啉等防治，地老虎、蝼蛄、蛴螬可用毒饵诱杀。

3. 玉米栽培技术要点

（1）品种选择　选用生育期短的早熟品种，如郑单 958、掖单 22、掖单 51、9362 等。

（2）播种　3 月上中旬马铃薯苗全部出齐后将玉米单行密植于马铃薯垄沟内，株距 20 厘米左右。6 月下旬收获。

（3）田间管理　在幼苗期（即 5～6 叶期）结合马铃薯浇水早追攻苗肥，每 667 米² 追尿素 5～10 千克；10～11 叶期重追 1 次攻穗肥，每 667 米² 追碳酸氢铵 50 千克。5 月下旬马铃薯收获后要加强玉米中后期管理，将马铃薯秧堆于玉米茎基部，然后给玉米施肥、培土、浇水，每 667 米² 施尿素 5～10 千克，以促进玉米籽粒膨大。

（4）病虫害防治　幼苗期主要防治地老虎、蝼蛄、蛴螬，方法同马铃薯；喇叭期防玉米螟，用 1.5% 辛硫磷颗粒剂按 1∶15 拌煤渣，每株 1 克，施到玉米心叶内，每株丢 3～4 粒；后期施井冈霉素防治纹枯病。

4. 胡萝卜栽培技术要点

(1)品种选择　选用优质、高产、圆柱形、皮肉心均为红色的品种。目前，较理想的品种有郑参丰收红、日本新黑田五寸人参等。

(2)精细整地　玉米收获后要及时清茬整地。深耕细耙，耕深不浅于 25 厘米。耕层太浅，肉质根易发生弯曲、裂根与叉根。结合整地，每 667 米^2 施充分腐熟农家肥 5 000 千克，磷、钾肥和速效氮肥 15 千克。如果没有有机肥，可每 667 米^2 施三元复合肥 50 千克加少量尿素和磷酸二氢钾。

(3)适期播种　河南省多数地区秋播胡萝卜的适宜播期是 7 月中下旬；11 月下旬至 12 月上旬收获。高垄或平畦种植，但以高垄种植效果最好。起垄，垄面宽 40～50 厘米，垄沟宽 25～30 厘米，垄高 20 厘米左右。垄面表土一定要细碎平整，以利于播种和发芽整齐。一垄双行，小行距 20 厘米，株距 10 厘米左右。条播，覆土，轻镇压，播种后上盖一层麦秸、稻草或其他秸秆保湿，可防雨后板结，利于出苗，或撒播青菜，待胡萝卜出苗后及时拔菜上市。

(4)田间管理　播种后保持土壤湿润，创造有利于种子发芽和出苗的条件。在苗期应进行 2 次间苗，定苗苗距一般在 10 厘米左右。结合间苗拔草和中耕松土除草，中耕要浅，以免伤根。也可以在播后出苗前用除草剂除草。

胡萝卜整个生育期要浇水追肥 2～3 次。第一次追肥不要太早，一般在定苗后 5～7 天进行，浇水量要小，结合浇水每 667 米^2 施硫酸铵 2.5～3 千克、过磷酸钙 3～3.5 千克、钾肥 2.5～3 千克。第二次追肥在 8～9 片真叶时即肉质根膨大初期，结合浇水每 667 米^2 追施硫酸铵 7.5 千克、过磷酸钙 3～3.5 千克、钾肥 3～3.5 千克。之后是否追肥可视生长情况进行。另外，中耕时需注意培土，防止肉质根膨大露出地面形成青肩。

(5)病虫害防治　胡萝卜病害主要有黑斑病、黑腐病、软腐病、白粉病。虫害主要有地老虎、蝼蛄、蛴螬,防治方法参见第六章有关内容。

(十四)春小麦、胡萝卜一年两茬栽培技术

东北地区开展春小麦、秋胡萝卜一年两茬栽培,栽培技术简单,提高土地利用率和复种指数的同时还增加了农民收入。将其栽培技术要点介绍如下。

1. 茬口安排 3月下旬种植春小麦,7月上旬收获。收获后种植胡萝卜,10月中旬开始收获。

2. 品种选择 春小麦选高产、优质的品种,如辽春10;胡萝卜选优质、高产的品种,如日本红泰五寸。

3. 栽培技术要点

(1)春小麦栽培技术要点

①整地播种 小麦地要在冬前秋作物收获后整地,播前洇地,结合整地每667米² 施优质农家肥3 000千克、15%三元复合肥10千克、磷酸二铵5千克。3月下旬做畦,畦宽2米、长依地块而定。条播,行距为24厘米,播深度3～4厘米,每畦8行。每667米² 播种量为17.5千克。

②科学追肥 小麦2叶1心时追标氮50～60千克;孕穗期追标氮10～15千克。孕穗至开花期间叶面喷肥,对延长叶片功能、促早熟、增粒质量均具有明显效果。

③及时灌水 整个春小麦生育期要视情况浇水4～5次。原则是"头水早,二水巧,三水、四水少不了,麦黄叶要掌握好"。2叶1心时小麦开始穗分化,需肥水量急剧增多,结合追肥浇水。小麦拔节时是小花分化期,决定穗粒数多少。如果小麦第一、第二节间的伸长没有固定,大水灌溉易造成基部节间过长,引起倒伏,因此拔节水要巧浇。如果植株健壮、土壤肥力充足、墒情较好,可不浇或少浇;必须浇水时也要轻浇,或适当推迟2～3天浇。孕穗期是

小麦雌雄蕊分化与形成期,及时浇水可使其发育健全,提高结实率,增加穗粒数。浇浆时,浇水可防止小麦上部叶片早枯,增强抗干热风的能力,增加籽粒的千粒重。当小麦即将成熟时,正值高温季节,浇水可改善田间小气候,增加土壤及空气湿度,避免高温逼熟。小麦抽穗以后,重心升高,抗倒能力减弱,浇水不当容易引起倒伏。因此,抽穗后的浇水要注意水量不可过大,大风天不要浇水。

④加强田间管理 麦苗长到 2～4 片叶时,松土 1～2 次,深 2～2.5 厘米。整地质量差、土块多、土壤水分大的麦田不宜松土。当小麦长到 2～3 叶时,踩或压青苗 1～2 次,可提墒抗旱,促进生根、分蘖、蹲苗防倒等。但弱苗、地湿土黏的地块不能压青苗。化学除草,防治病虫害。为了防止倒伏,对密度偏大、有徒长趋势的麦田或抗倒伏差的品种,要用 120 克矮壮素加水 50 升喷雾,当麦苗 3～4 片叶时,在分蘖末期、拔节始期喷施效果最好。小麦灌浆后到成熟期前,如遇雨水过多,田间积水要及时排掉,防止根系因缺氧引早枯死。

⑤适时收获 小麦收获的最佳时期为蜡熟期,此时小麦籽粒的干物质积累到最大值,加工面粉的质量也最好。

(2)胡萝卜栽培技术要点

①整地施肥播种 7月上旬小麦收获后整地,每 667 米² 结合整地施优质农家肥 2 500 千克、15％三元复合肥 10 千克、磷酸二铵 5 千克。起垄播种,垄宽为 60 厘米,并每垄 2 行,行距 30 厘米。每 667 米² 播种量为 300 克左右。播种要均匀,播后覆土厚约 1 厘米。

②田间管理要点 胡萝卜是喜光作物,间苗宜早,一般在幼苗生出 1～2 片真叶时进行,苗距 4 厘米左右,并结合间苗中耕锄草,促进幼苗生长;4～5 片叶时定苗,株距 8～10 厘米。追肥视长势而定,基肥足、长势好的话,在定苗后追 1 次即可,使用三元复合肥

20千克;追肥结合浇水,以水促肥。经常保持田间含水量70%左右的土壤湿度。若供水不足,肉质根瘦小粗糙;若供水不匀,肉质根易开裂。生长后期应停止供水。

③收获 10月中旬开始收获,分级存放。

(十五)冬小麦、胡萝卜一年两茬栽培技术

冬小麦作为前茬,残留肥量大,土壤养分消耗量少,非伞形科,可于收获后复播胡萝卜,一年两熟,经济效益是两季作物的总和。

1. 茬口安排 各地区按当地时间种植冬小麦。以山西地区为例,可9月下旬机播种植小麦,行距20厘米,每667米^{2}播量15千克左右,翌年6月底小麦收获后及时耕翻,7月至8月上中旬均可播种。

2. 品种选择 小麦选用中优9507、京9428、晋麦68号;胡萝卜选用齐头黄、五寸参等优质品种。

3. 高产栽培技术要点

(1)冬小麦栽培技术要点 抓好冬浇,灌足冬水。冬浇可以稳定地温增加土壤水分,保苗安全越冬,还可以冬水春用,为翌年春季小麦生长创造条件。对于肥少、麦苗瘦弱的地块冬灌人粪尿,既增温又补墒。

春季返青管理以增温保墒为中心,促进小麦根系和分蘖快速生长。在土壤开始解冻后,及时中耕松土,提温保墒,促苗早发快长。

拔节孕穗期是小麦生长量最大,也是需水肥临界期,应加强肥水管理。水肥齐上,提高分蘖成穗率。一般4月上旬左右开始浇第一次水,结合浇水每667米^{2}施尿素10千克;4月下旬麦子挑旗后开始浇第二次水;3月底4月初结合麦田除草,每667米^{2}用100毫升壮丰安对水50升进行喷施防止倒伏。

针对小麦中后期可能出现的干热风和小麦蚜虫、红蜘蛛、白粉

病等病虫害,要有效防治。实施"一喷三防"技术,在小麦抽穗后一般不再浇水。可于开花期和灌浆期2次分别用磷酸二氢钾100～150克加1千克尿素加40%乐果乳油100毫升对水30升叶面喷洒,另外在扬花后5～10日内每667米² 用120克那氏齐齐发对450升水叶面喷施1～2次。在蜡熟末期及时收割,腾地种植胡萝卜。

(2)胡萝卜栽培技术要点 小麦收获后及时深翻土地,深翻土层20厘米以上,纵横旋耕细耙使表土细碎平整。基肥每667米² 施有机肥5 000千克左右、碳酸氢铵20千克、过磷酸钙30千克、硫酸钾10千克或草木灰100～200千克。播种采取条播或撒播。用干籽直播,或浸种催芽播种。播后畦面覆盖稻麦等秸秆。

幼苗长到1～2片真叶时第一次间苗,苗距3～4厘米;4～5叶时定苗,株距10～12厘米。人工除草或用除草剂除草。生长期间结合浇水追肥1～2次。3～4叶期每667米² 追施硫酸钾复合肥10千克。7～8叶期追施硫酸钾复合肥10千克,如遇地上部生长过盛,可仅追施硫酸钾,同时喷施20毫克/千克多效唑溶液1～2次,间隔10天喷1次。切忌施用新鲜厩肥或施肥量过大,因为易发生胡萝卜叉根。如果根系不发达,生长点死亡,外部变黑,有可能是缺硼。

胡萝卜从播种到出苗,应连续浇水2～3次。幼苗期生长缓慢,需水量不大,应保持水分适中,以土壤保持见干见湿为原则。肉质根肥大期应及时浇水,经常保持土壤湿润。收获前几天要浇1次水,待土壤不黏快干时,即可收获。

(十六)中稻、胡萝卜一年两茬栽培技术

实践证明,在南方不同海拔地块进行中稻、胡萝卜一年两熟高产示范栽培,实行水旱轮作,可改善土壤结构,提高土壤肥力,增加单位面积产量、产值,提高经济效益。

1. 茬口安排　大田宜选用土层深厚,光照充足,排灌方便,肥力中上,交通便利的中轻壤土田块。黏重土壤易导致胡萝卜肉质根分叉,影响品质。

(1)水稻栽培　中低海拔地区 3 月上中旬播种,4 月中下旬插秧,8 月上中旬收割。中高海拔地区早熟种 3 月中下旬播种,4 月下旬至 5 月初插秧,7 月中下旬收割。

(2)胡萝卜栽培　中低海拔地区 8 月上中旬播种,最迟不超过 8 月下旬。中高海拔地区 7 月下旬播种,最迟不超过 8 月上旬。

2. 品种选择

(1)水稻品种　中低海拔地区选用宜优 99、宜优 673、准两优 527 等优质高产杂优组合,中高海拔地区选用 T78、优 2155、金优明 100 等早熟种。

(2)胡萝卜品种　日本黑田五寸人参等。

3. 高产高效栽培技术要点

(1)中稻高产高效栽培技术　采用湿润育秧方式,薄膜覆盖,培育壮秧。每 667 米² 播种量中熟种 10 千克,早熟种 15 千克。秧苗 1 叶 1 心期每 667 米² 喷施 300 毫克/升多效唑促蘖分叉,用 70% 敌磺钠可湿性粉剂 800~1 000 倍喷淋秧畦防治秧苗绵腐病、立枯病。

当秧龄 35 天左右,带蘖 1~2 个时进行移栽。中熟种密度 20 厘米×20 厘米,每 667 米² 插 1.65 万丛左右,每丛插 2 粒谷。早熟种密度 18 厘米×20 厘米,每 667 米² 插 1.85 万丛左右,每丛插 2~3 粒谷。

生产中推广测土施肥,以重施基肥、早施分蘖肥为原则,后期严格防止偏施氮肥,并注重增施微肥。中熟种一般每 667 米² 施纯氮 13~15 千克,早熟种每 667 米² 施纯氮 10~13 千克,按氮、磷、钾比例为 1∶0.5∶1 施肥。可根外追肥,结合病虫害防治用 0.2%~0.3% 磷酸二氢钾、硼、锌等微肥根外喷施,整个生长期以施用 3～4 次为宜,可以提高结实率,增加千粒重。

生长期要科学浇水。用水以前期浅水促分蘖,中期够苗烤搁田,后期干湿交替壮根为原则,确保多穗大穗。收割前 10～15 天排干田块水分。

注意病虫测报,要及时防治病虫害,下药要及时,尽量减少高毒高残留农药的施用,推广生物农药和低残农药。二化螟防治,用 3.6％杀虫双颗粒剂 1 千克拌细土 30 千克撒施,或每 667 米² 用 40％毒死蜱乳油 75～100 毫升对水喷雾。卷叶螟防治,每 667 米² 用 1.8％阿维菌素乳油 60 毫升,或 48％毒死蜱乳油 30～45 毫升对水喷雾。纹枯病防治,用 5％井冈霉素可溶性粉剂 100～150 克对水喷雾,或 50％多菌灵可湿性粉剂 700 倍液喷雾。稻飞虱防治,每 667 米² 用 10％吡虫啉可湿性粉剂 20～30 克,或 25％噻嗪酮可湿性粉剂 20～30 克对水喷雾。

(2)胡萝卜高产栽培技术要点　水稻收获后立即清除稻桩、杂草。结合整地,基肥每 667 米² 用腐熟人粪尿或沼液 1 500～2 000 千克,加过磷酸钙 30～50 千克,或用超大有机无机复混肥 80～100 千克。深翻地后,垄栽,垄宽 80 厘米,高 25～30 厘米,垄沟宽 30 厘米,表层 5～10 厘米土壤整碎整平。播种可选用条播、点播,行株距 13～15 厘米,按肥田稀播、瘦田密播的原则进行,点播每穴播种 5～6 粒。播后覆土,再薄摊一层稻草,保持土壤湿润,促使早出苗、出齐苗。

间苗、定苗。齐苗后 2～3 片叶时间苗,5～6 片叶时定苗,苗距 13～15 厘米。胡萝卜生长较缓慢,苗期田间杂草多,要结合间苗及时拔除。苗期要中耕 2 次,松土除草。肉质根膨大期,要结合中耕培土 2 次,防止胡萝卜青头影响质量。

要科学浇水和施肥。胡萝卜整个生长期最好采用畦面喷淋灌溉,保持土壤湿润。定苗后每隔 7～10 天追施腐熟人粪尿或沼液 3～4 次,肉质根膨大期结合中耕培土每 667 米² 施硫酸钾复合肥

15～20千克,浇施2次。胡萝卜对硼、钾敏感,缺硼、钾易引起肉质根细小和分叉,在生长期每667米^{2}用磷酸二氢钾200克、硼砂50克,对水50～60升进行根外喷施2～3次。

病虫害防治参见第六章有关内容。

胡萝卜11月收获,采收可分期、分批、分片进行。

(十七)其他种植模式

1. 洋葱套作胡萝卜种植模式　洋葱定植期一般东北地区在5月上旬,其他地区根据当地习惯确定播种和定植时间。畦栽,畦宽90～120厘米,株行距为10厘米×15厘米。洋葱鳞茎膨大末期即7月下旬,在洋葱苗间采取点播的方式播种胡萝卜。胡萝卜选用品质佳、丰产性好的先奇、保冠等品种,播种后一般不再施肥,靠前茬肥力胡萝卜即可正常生长。胡萝卜出苗后及时间苗、定苗。8月下旬洋葱头收获后,胡萝卜进入正常生长和管理状态,根据土壤墒情适时喷灌,并进行人工除草。9月中下旬收获胡萝卜。

2. 幼龄果园套种胡萝卜种植模式　果树定植后的前3年可以套种蔬菜或矮秆作物,如甜瓜、马铃薯、花生、大豆、胡萝卜等。因果树幼龄期树冠较小,主根系尚未完全形成,果园还有较大的土地空间可供利用。这样套作既能满足主栽作物果树的根系生长,又能使副栽作物充分地利用光照资源,从而达到增加幼龄果园经济效益的目的。胡萝卜适应性强,适合耕作层深厚、土壤疏松的沙壤土或壤土种植,栽培技术简单,适合在果园中套作。

套作时注意事项:胡萝卜栽培必须与幼树的树冠滴水线距离30厘米以上,以免与幼龄果树争夺肥料和阳光。同时,果园梯土边缘不宜种植,以免影响水土保持。幼龄果树喷药时,选择对胡萝卜不会产生药害的药剂,尽量减少药液向胡萝卜上的漂飞,以免造成药害。

第五章　胡萝卜四季栽培贮藏
保鲜技术

一、胡萝卜采收和采后处理

(一)采收时期

　　胡萝卜采收的早晚对胡萝卜的品质有较大的影响。一是影响营养品质;二是影响贮藏品质。为了能适时采收并使产品达到适宜的成熟度,就要掌握播种和收获时期。据测定,胡萝卜播种50天后,其肉质根中胡萝卜素形成的速度较快;在播后90天,胡萝卜素含量达到高峰值。同时随着胡萝卜肉质根的成熟,葡萄糖逐渐转变为蔗糖,粗纤维和淀粉逐渐减少,营养价值提高,品质柔嫩,甜味增加。同时,胡萝卜肉质根不断肥大,单根重增加。但当达到一定限度后,粗纤维又会增加,品质变劣,因此必须及时采收。

　　胡萝卜的主要食用部位是肉质根部分,其内部结构为:中间为心柱,外面为皮层,心柱和皮层之间为次生韧皮部。次生韧皮部为肉质根的主要食用部分,含有丰富的淀粉、糖类及胡萝卜素等营养物质。胡萝卜的中心柱部分是次生木质部,颜色浅淡,一般为近白色或亮黄色,现在优秀品种多为红色。胡萝卜心柱较细小,含的营养较少。次生韧皮部的肥厚是优质品质的象征,心柱越小营养价值越高。在收获期正常收获,质量较好。若收获过早,肉质根膨大还没有结束,干物质积累不够,甜味淡,产量低,不耐贮藏;若收获过迟,心柱木质部继续膨大过大,心柱易产生裂痕或出现抽薹现象,质地变劣,贮藏中也易糠心,质量降低,品质差。采收时除去缨叶保持肉质根的完整,并尽量减少表皮的损伤。

适时收获对胡萝卜的贮藏很重要,胡萝卜肉质根没有休眠期。秋播胡萝卜的采收一般在霜降前后,采收过早因地温、气温尚高不能及时下窖;另外,肉质根糖分积累欠佳,皮层未长结实也不利贮藏;或下窖后不能使菜堆温度迅速下降,都易促使萌芽和变质;采收过晚则直根生长期过长,贮藏中容易糠心,还可能使直根在田间受冻,而贮藏受冻的直根常会大量腐烂。

胡萝卜生长期比较长,且采收期弹性较大,适时采收对胡萝卜商品性状、贮藏具有重要的意义,生产者可根据具体情况来制订采收计划。胡萝卜以皮色鲜艳、根细长、根头小、心柱细的品种较好,通常大多数品种在肉质根达到采收成熟时的植株特征为:心叶呈黄绿色,叶片不再生长,外叶开始枯黄,不见新叶,肉质根充分膨大,味甜且质地柔软,有的因直根的肥大使地面出现裂纹,根头部稍露出土表。春播胡萝卜根据不同生长环境,一般在6月上旬至7月上旬收获;夏秋播胡萝一般6月至8月上中旬播种,以10月下旬至11月上旬开始采收为宜,南方有些地区可延续到翌年2月,河南11月上旬选晴好天气收获,各地应根据当年的生产条件灵活掌握。立春以后天气转暖,顶芽萌动,须根增加,甜味减少,品质变差,已接近抽薹期,必须全部收完。

(二)采后分级标准

胡萝卜采后要剔除病、伤和虫蚀的肉质根,同时切除叶柄及茎盘,并对产品进行分级贮运。胡萝卜的不同级别,是它的商品性的具体反映。胡萝卜进入市场要进行分级销售。以出口胡萝卜分级标准为例:一级:皮、肉、心柱均为橙红色,表皮光滑,心柱较细,形状优良整齐,质地脆嫩,没有青头、裂根、分叉、病虫害和其他伤害。二级:皮、肉、心柱均为橙红色,表皮比较光滑,心柱较细,形状良好整齐,微有青头、无裂根和分叉,无严重病虫害和其他伤害。

规格标准分级:胡萝卜的规格大小一般分为 L、M、S 三级,也有 L、M 两级或 2L、L、M、S 四级,或 2L、L、M、S、2S 五级。分级标准因品种不同而异,有按长度的,有按直径的,有按重量的,更多的是结合几项指标综合考虑分级。例如,四级标准:S 级:150 克以下;M 级:150~200 克;L 级:200~300 克;2L 级:300 克以上。

二、胡萝卜贮藏保鲜

(一)对贮藏环境的要求

胡萝卜没有生理休眠期,具有适应性强、耐贮运等特点。胡萝卜肉质根是由次生木质部和次生韧皮部薄壁细胞组成,表皮缺乏角质、蜡质等保护层,保水能力差,性喜冷凉多湿的环境,贮藏期间遇有适宜条件,便萌芽抽薹、失水萎蔫,使薄壁细胞组织中的水分和养分向生长点(顶芽)转移,造成发芽和糠心。发芽和糠心使肉质根失重、养分减少、组织变软、风味变淡、品质降低,因此发芽和糠心是贮藏保鲜胡萝卜要注意防止的主要问题。贮藏用胡萝卜宜选皮色鲜艳、根细直、茎盘小、心柱细、次生韧皮部厚、含水量较多的品种,如黑田五寸人参、小顶金红、鞭杆红等。

胡萝卜的贮藏环境必须保持低温、高湿的条件。若贮藏温度高、气温低,不仅会因萌芽和蒸腾脱水导致糠心,而且也增大自然损耗;若贮藏温度过低,如低于 0℃,则肉质根会产生冻害,品质降低,易腐烂。所以,温度过高过低都会直接影响胡萝卜的商品性。贮藏适宜温度为 0℃~5℃,相对湿度为 90%~95%,胡萝卜贮藏中不能受冻。胡萝卜组织的特点是细胞间隙很大,具有高度通气性,并能忍受较高浓度的二氧化碳。据报道,可忍受质量分数为 8% 的二氧化碳,这同肉质根长期生活在土壤中形成的适应性有关。因此,胡萝卜也适于密闭贮藏,如埋藏、气调贮藏等。胡萝卜对乙烯敏感，贮藏环境中低浓度的乙烯就能使胡萝卜出现苦味，因此胡萝卜不宜与香蕉、苹果、甜瓜和番茄等放在一起贮运，以免降低胡萝卜的品质。

(二)主要贮藏方法

　　春播胡萝卜采收后，为满足市场需求，可在阴凉通风18℃左右的室内保存，以延长上市时间。如需供应整个夏季食用，需贮存于0℃～3℃冷库中。秋播胡萝卜收获后，如外界温度较高，需进行预贮，将其堆积在地面或浅坑中，上覆薄土，设通风道，以便通气散热，待地面开始结冻时下窖。入贮时要剔除病虫、机械损伤的直根，受伤的根在贮藏中容易变黑霉烂。有些地区在入贮时要削去茎盘，防止萌芽，但这种处理会造成大伤口，易感病菌和蒸发水分，并因刺激呼吸而增加养分消耗，反而容易糠心；只拧缨而不削顶，又易萌芽，也会促进糠心。胡萝卜贮藏时是否削顶或何时削顶，要根据茎盘的大小、地区条件、贮藏方法等综合考虑其得失而定。例如，采用潮湿土层埋藏法，就必须削去茎盘，以防萌芽；留种胡萝卜不能削顶或刮芽。郑州地区胡萝卜也可留在地里过冬，到翌年3月收获，但一定要在冬前封1次土，特别是垄栽的胡萝卜。

　　胡萝卜的贮藏方法很多，有沟藏、窖藏、通风库贮藏、塑料袋贮藏和薄膜帐贮藏等。无论哪种贮藏方法，都要求能保持低温高湿环境。胡萝卜适合气调贮藏，我国南方现多推广用塑料袋包装或薄膜帐半封闭方法的自发气调结合低温贮藏。这两种方法在贮藏期间要定期开袋通风或揭帐通风换气，一般自发气调结合低温贮藏可使胡萝卜贮期由常温贮藏的2～4周延长到6～7个月。

　　1. 沟藏　贮藏沟应设在地势较高、地下水位低、土质黏重保水力较强的地段，东西向挖埋藏沟。一般底土较洁净，杂菌少，供覆盖用。表层土堆在沟的南侧起遮阴作用，利用土堆遮阴，尽可能增加其高度，不需附加材料，在贮藏的前中期便可起到良好的降温和保持恒温的效果。

用于胡萝卜的贮藏沟,宽1.0~1.5米,过宽则增大气温的影响,减少土壤的保温作用,难以保持沟内的稳定低温;沟的深度视当地气候状况,应当比当地冬季的冻土层再稍深0.6~0.8米。一般地,北京地区贮沟深度1.0~1.2米,沈阳1.6~1.8米,济南约1.0米,开封、徐州、西安0.6~0.8米。总之,我国由北向南,沟深渐浅。长度视贮量而定,一般3~5米长。贮藏过程中,随环境温度的变化来调节覆土厚度以降低沟内的温度。

胡萝卜收获后,切去茎盘,防止发芽。先在阴凉处堆放几天,待胡萝卜体温降低,外界气温下降到0℃~5℃时入沟。胡萝卜可以散堆在沟内,头朝下,根朝上,厚度一般不超过0.5米覆一层土,以免底层产品受热腐烂。一般摆放到沟口30厘米处封口,土壤的湿度要保持在含水量18%~20%,水分不足时可浇一定量的水,但沟内不能积水。最好是与湿沙层积,有利于保持湿润并提高直根周围的二氧化碳浓度。下窖时在产品表面覆上一薄层土,以后随气温下降分次添加,最后约与地面平齐。必须掌握好每次覆土的时期和厚度,以防底层温度过高产品腐烂或表层产品受冻。为了掌握适宜的温度情况,可在沟中间设一个竹筒或木筒,内挂温度计,深入到胡萝卜中定期观察沟内温度,以便及时覆盖。

埋藏的胡萝卜多数为一次出沟,翌年天气转暖时,除掉覆土,挑出腐烂的直根,完好的削去顶芽放回沟内,覆一层薄土,可继续贮存一段时间至3~4月。

2. 窖藏 可以是棚窖,可以是井窖,也可以是窑窖,各地因地制宜选择窖的种类。棚窖选向阳背风处挖深2米多的土窖,宽2~3米,长依贮量而定,将切去缨叶、茎盘的胡萝卜在窖内与湿土(沙)层积堆成根朝外的1米多高的长方形或圆形垛,然后在上面用木杆和秸秆架盖棚盖,并留出窖口。也可把胡萝卜装筐,在贮藏窖中码成方形或圆形垛。前期窖温高,可码成空心垛,垛高

1.0～1.5米。在窖内也可用湿沙或细沙层积贮藏。窖藏时也应注意窖内的温湿度问题,太干时易使胡萝卜失水而糠心,温度太高时易使胡萝卜发芽而糠心。管理上前期注意通风散热,防止热伤;后期增加覆盖,减少通风,保温防冻,可贮至翌年3～4月。一般窖内应保持0℃～1℃的温度和95％左右的空气相对湿度。贮藏中定期抽查,发现腐烂产品及时挑除。

3. 通风库贮藏　在通风库中将胡萝卜装筐堆码或在地面堆成1米左右高的长方形垛,注意保湿,若能与湿土(沙)层积,为了增强通风散热效果可在堆内每隔1.5～2米用木架设置通风塔,贮期一般不倒动,注意库内的温度,必要时用草苫加以覆盖,以防受冻。通风库贮藏,湿度经常偏低,应采取加湿措施。

4. 薄膜封闭贮藏　近年来,有的地区采用了薄膜半封闭的方法贮藏胡萝卜。先在库内将胡萝卜堆成宽1.0～1.2米、高1.2～1.5米、长4～5米的长方形堆,到初春萌芽前,用薄膜帐子扣上,堆底部不铺薄膜,故称半封闭,可适当降氧气、积二氧化碳、保湿,可贮至翌年6～7月,仍能保持皮色鲜艳、质地清脆。贮藏期间,可定期揭帐通风换气,必要时进行检查挑选,除去感病个体。

华中农学院曾试验将胡萝卜洗净擦干,装入聚乙烯塑料袋内,扎紧袋口,每袋装1千克,在温度为1℃条件下贮藏,能有效抑制脱水和萌芽,保鲜效果明显。

5. 室内贮藏　将待贮的胡萝卜放在阴凉干燥处散水3～5日,然后再装入0.04毫米厚的聚乙烯塑料袋内,每袋装2.5千克左右为宜,再在袋口下1/3处用细针扎3～5对对称小孔,密封袋口,放在阴凉、干燥室内贮藏;或将竹筐的底部垫上一层厚牛皮纸,铺上一层细沙,摆上一层胡萝卜,摆满摆平后再铺上一层细沙,再摆放胡萝卜,直到离筐口8～10厘米处,用厚沙把筐口封严。细沙的湿度要保持在75％～85％。然后把竹筐放在室内墙角处贮存。

另外,胡萝卜用1.29～2.58库仑/千克γ射线处理,有明显抑制萌芽的作用。收获前于田间喷洒2500毫克/千克抑芽丹,也有抑制萌芽的效果。

(三)贮藏中常见的问题

1. 胡萝卜贮藏对温度、湿度的要求　贮藏胡萝卜要求保持低温高湿环境。贮藏温度宜在0℃~5℃,相对湿度为90%~95%。贮温高于5℃则易发芽,低于0℃便易受冻害,受冻后不但品质下降,而且易腐烂。

2. 胡萝卜贮藏中产生苦味的原因及预防方法

(1)胡萝卜产生苦味的原因　有两类化合物可引起胡萝卜的苦味:绿原酸和异绿原酸类,异香豆素和色酮类。绿原酸和异绿原酸类只分布在胡萝卜的表皮所以只引起表皮苦味,异香豆素和色酮类均匀分布在胡萝卜的所有组织。加工前,胡萝卜引起苦味的主要原因是贮存期间产生的异香豆素。胡萝卜含有异香豆素时其甜度将下降,随着异香豆素含量的增加,胡萝卜加工品的苦味和酸味也随之增加。

异香豆素是植物在受到机械伤害、逆境条件和病虫害侵染时,其机体产生的抵御外界影响的次生代谢物或称之为植物抗毒素。植物抗毒素含量增加,则糖含量、有机酸含量和可溶性固形物随之降低。当微生物侵染田间胡萝卜时,胡萝卜就会产生异香豆素,它能阻止微生物在组织内蔓延,但也能使胡萝卜变苦。胡萝卜的苦味与其生长期间的低温(10℃)和降雨量也相关,因此在雨季应注意除病灭菌。另外,粗放搬运和机械伤都能诱导异香豆素的产生。因此,不但要注意胡萝卜采后贮藏保鲜技术,也要对生长期间环境因素予以重视,避免或减少植物抗毒素的产生。

(2)防止苦味措施　预防胡萝卜产生苦味,需要以下措施:采收时间应在早晨或傍晚温度较低时,防止热量积累。去除掉萎蔫、纤维化(带有毛根)、绿肩和残缺的胡萝卜。采收后放在阴凉处,避免阳光直射,否则会加速失水,使品质下降和病害蔓延。土壤潮湿时采收,可以大幅减少机械伤害的发生。采收时要注意轻拿轻放,避免表皮伤害。严禁抛摔,防止擦、裂、断等伤害,以避免软腐病菌侵染。采收后要尽快清洗胡萝卜以除去杂土、杂质和清除田间热。用干净的容器盛放运输,运输时用雨布或胡萝卜叶遮盖,避免阳光直射。为防止细菌软腐病菌的侵染,可以用含 0.2%次氯酸钠的水清洗(2 毫升次氯酸钠加到 1 升水中),这样既能减轻软腐病的发生,也能防止其在贮藏期间蔓延。为了避免二次污染,清洗用的水要勤换,即在清洗水没有次氯酸钠味时或水已变得浑浊时更换。这样,胡萝卜有了好的品质,才会有好的加工品质。

　　3. 胡萝卜贮藏期间的主要病害及其预防　胡萝卜贮藏期间容易发生的病害有:非侵染性病害有萌芽和糠心;侵染性病害有菌核病、黑腐病、软腐病、灰霉病等。详见第六章病虫害防治部分。

　　另外,一些地区胡萝卜贮藏期发生白腐病和褐斑病,可用50%异菌脲悬浮剂 1000～1500 倍液,或 40%多菌灵悬浮剂500～1000 倍液浸蘸处理。长期贮藏的胡萝卜要注意不宜直接用水洗涤,可用含活性氯 25 毫升/升的氯水清洗。

第六章 胡萝卜四季栽培病虫害 防治技术

一、胡萝卜病虫害防治的原则及注意事项

胡萝卜病虫害防治的原则：胡萝卜病虫害防治要以"预防为主，综合防治"为方针，进行综合防治。

注意事项如下。

第一，禁止使用国家明令禁止的高毒、剧毒、高残留的农药及其混配农药品种。禁止使用的高毒、剧毒农药品种有：甲胺磷、甲基对硫磷、对硫磷、久效磷、磷胺、甲拌磷、甲基异柳磷、特丁硫磷、甲基硫环磷、治螟磷、内吸磷、克百威、涕灭威、灭线磷、硫环磷、蝇毒磷、地虫硫磷、氯唑磷、苯线磷、六六六、滴滴涕、毒杀芬、二溴氯丙烷、杀虫脒、二溴乙烷、除草醚、艾氏剂、狄氏剂、汞制剂、砷、铅类、敌枯双、氟乙酰胺、甘氟、毒鼠强、氟乙酸钠、毒鼠硅等农药。

第二，使用化学农药时，应执行 GB 4285 和 GB/T 8321 相关标准。

第三，合理混用、轮换交替使用不同作用机制或具有负交互抗性的药剂，防止和延迟病虫害抗性的产生和发展。

二、胡萝卜病虫害的综合防治措施

胡萝卜病虫害综合防治首先要从预防着手，综合防治。可以实行轮作、深翻晒土、床土消毒、种子消毒等农业措施。当生长期间发生病害时，需要农药防治，各农药品种的使用要严格遵守安全间隔期。但防治病虫害也不能只依赖农药防治。长期大量或过量

使用农药会杀伤自然天敌,破坏生态平衡,容易导致病、虫抗药性增加,更难防治。所以,要结合当地实际情况,将农业防治和物理防治、生物防治、化学防治结合起来,避免不必要和过量用药。

1. 农业防治　选用胡萝卜优良抗病品种。选择适合当地生产的高产、抗病虫、抗逆性强、品质好的优良胡萝卜品种栽培,可减少施药或不施药,是防病增产的有效方法。田间管理上要从预防着手,实行轮作倒茬。清洁田园,消除病株残体、病胡萝卜和杂草,集中销毁深埋,降低病虫源数量,切断传播的途径。采取深翻晒土、床土消毒、种子消毒、配方施肥等农业措施,提高植株的抗病能力。

2. 物理防治　物理诱杀或驱避害虫,可以用黄板诱杀蚜虫、白粉虱,用银灰色反光膜驱避蚜虫,用黑光灯、频振式杀虫灯、糖醋液诱杀蛾类等。

3. 生物防治　可以释放害虫的天敌防治害虫,如赤眼蜂可防治地老虎,七星瓢虫可防治蚜虫和白粉虱,还有捕食螨和天敌蜘蛛等。可以利用微生物之间的拮抗作用,如用抗毒剂防治病毒病等。也可以利用植物之间的生化他感作用,如与葱类作物混种,可以防止枯萎病的发生等。

4. 化学防治　当生长期间发生病害时,就要进行化学防治,即农药防治。禁止使用国家明令禁止的高毒、剧毒、高残留的农药及其混配农药品种。各农药品种的使用要严格按照 GB 4285—1989 和 GB/T 8321(所有部分)规定执行,严格控制农药用量和安全间隔期。防治时要注意对症下药,适时施药,适量用药,施药方法得当,均匀施药,轮换用药,合理混用农药。化学防治要逐渐以生物农药防治为主,有限度地使用农用抗生素,绝不使用禁用农药。防治胡萝卜真菌性病害常用农药有福美双、代森锰锌、甲霜·锰锌、异菌脲、百菌清、多菌灵等。防治细菌性病害常用农药有硫酸链霉素、络氨铜水剂、代森锌、琥胶肥酸铜等。

三、胡萝卜侵染病害及防治方法

(一)黑斑病

1. 症状 茎、叶、叶柄、花梗和种荚等均可发病。叶片发病时多从叶尖或叶缘开始,产生圆形或椭圆形深褐色至黑色小斑,扩大后呈不规则形,有明显的同心轮纹,周围组织略褪色;严重时病斑汇合,叶缘上卷,叶片早枯。叶柄上,病斑长梭状,黑褐色,具轮纹。茎和花梗上病斑呈长圆形黑褐色,具轮纹,稍凹陷,易折断,湿度大时病斑表面可产生黑色霉层。种子受侵染后,影响发芽。

2. 防治方法

(1)种子消毒 种子播种前用50℃温水浸种20分钟,或用种子重量0.3%的50%福美双可湿性粉剂拌种,或70%代森锰锌、75%百菌清、50%异菌脲可湿性粉剂拌种。

(2)合理轮作 实行与其他作物(最好是禾本科作物)实行2~3年轮作,不要与十字花科和其他伞形科植物轮作。

(3)加强田间管理 选地势高、通风、排水良好的地块栽胡萝卜;增施腐熟有机肥或生物有机复合肥,促其生长健壮,增强抗病力;发病后及时清除病叶、病株,收获后要清洁田园,翻晒土地。

(4)化学防治 发病初期,喷洒60%多菌灵盐酸盐可溶性粉剂600倍液,或86.2%氧化亚铜1 500倍液,或50%异菌脲可湿性粉剂1 500倍液,或64%噁霜·锰锌可湿性粉剂500~800倍液,或75%百菌清可湿性粉剂400~500倍液,或50%甲基硫菌灵可湿性粉剂500~800倍液喷雾。隔7~10天喷1次,连续防治2~3次,有显著防效。

（二）黑腐病

1. 症状　苗期至采收期或贮藏期均可发生,主要危害肉质根、叶片、叶柄及茎。叶片染病,初生不规则的"V"字形或圆形暗褐色斑,后期严重的致叶片变黄枯死,其上也生有褐色绒毛状霉层。叶柄上病斑长条状。茎上多为梭形至长条形斑,病斑边缘不明显,湿度大时表面密生黑色霉层。肉质根染病多在根头部形成不规则形或圆形稍凹陷黑斑,上生黑色霉状物。胡萝卜根茎发病后,病菌可循维管束由叶柄到达髓部,使维管束变黑并逐渐扩大,肉质根内部干腐软化,形成空洞。病轻时,肉质根局部或大部变成黑色,味苦失去食用价值;病重时肉质根变黑腐烂,但无臭味。严重时病斑扩展,深达内部,使肉质根变黑腐烂。

2. 防治方法

（1）种子消毒　物理处理,即播种前用50℃温水消毒30分钟或60℃条件下干热处理6小时;药剂处理,即播前用种子重量0.3％的50％福美双或70％代森锰锌拌种,或用0.5％代森铵液浸种15分钟,然后晾干后播种。

（2）合理轮作　如与水稻进行轮作1年以上。

（3）加强田间管理　深耕晒垡和及时中耕松土;做好田园卫生,发现病株及时拔除,并用消石灰或50％甲醛进行土壤消毒,减少田间菌源;收获后彻底清除田间病残体,并深翻土壤,减少翌年初侵染源。

（4）采收至贮藏过程中的管理　贮藏前剔除病伤的肉质根,并在阳光下晒后贮藏。采收和装运过程中避免破损。

（5）化学防治　发病初期,可用50％代森铵水剂1 000倍液,或50％多菌灵可湿性粉剂500～800倍液,或50％福美双可湿性粉剂500～800倍液,或65％代森锌可湿性粉剂600～800倍液,或14％络氨铜水剂300倍液,或75％百菌清可湿性粉剂600～800

倍液,隔 7～10 天 1 次,连续防治 2～3 次。也可用 64％噁霜·锰锌可湿性粉剂 600～800 倍液,或 50％甲霜·锰锌可湿性粉剂 500～800 倍液,或 50％异菌脲可湿性粉剂 1 500 倍液。隔 10 天左右 1 次,连续防治 3～4 次。

(三)白粉病

1. 症状 发病幼叶、老叶上初生污白色星点状霉层,下部叶片的叶背和叶柄生成白色或灰白色粉状斑点;不久,叶表面和叶柄表面布满灰白色霉层,并从下部叶片逐渐向上部叶片扩展。严重时,下部叶片黄变而枯萎,叶片和叶柄上出现小黑点。

2. 防治方法

(1)品种选择 选用抗病品种,如金港五寸、三江胡萝卜等。

(2)种子消毒 用 55℃温水浸种 15 分钟或用 15％三唑酮可湿性粉剂拌种。

(3)加强田间管理 加强早期防治,避免过量施用氮肥,增施磷、钾肥等多肥栽培。早期间苗,病茎、病叶应集中烧毁。合理密植,注意通风透光。适当浇水,雨后及时排水,降低空气湿度。发现初始病叶及时摘除,可减少田间菌源,抑制病情发展。收获后彻底清除田间病残体,集中烧毁或深埋。

(4)化学防治 发病初期,喷洒 40％硫磺·多菌灵悬浮剂 500 倍液,或 15％三唑酮可湿性粉剂 1 500～2 000 倍液,或 50％多菌灵可湿性粉剂 500 倍液,或 70％甲基硫菌灵可湿性粉剂 800 倍液,或 50％硫磺悬浮剂 300 倍液,或 30％氟菌唑可湿性粉剂 1 500～2 000 倍液,或 2％武夷菌素水剂 200 倍液,或 12.5％烯唑醇可湿性粉剂 2 500 倍液。10％苯醚甲环唑水分散粒剂 3 000 倍液＋75％百菌清可湿性粉剂 500 倍液混用,防治白粉病效果更优。

(四)细菌性软腐病

1. 症状　主要危害肉质根,田间或贮藏期均可发生。高温多雨季节发生较多,在田间,发病初期地上部茎叶部分黄化后萎蔫,或整株突然萎蔫青枯。在病害发生后期叶片和茎部组织也开始腐烂,由叶基部向茎部和根部扩展,根部染病初伤口附近组织出现半透明水渍状病斑,后扩大呈淡灰色,病斑形状不定,肉质根组织软化,呈灰褐色,根部腐烂,形成黄色黏稠物,汁液外溢,变为黏滑软腐状,具臭味。较老的组织患病后失水呈干缩状。

2. 防治方法

(1)种子消毒　用 50℃温水浸种 20 分钟,取出过冷水晒干播种。

(2)合理轮作　与大田作物轮作 2 年,与葱蒜类蔬菜及水稻等禾本科作物进行 3 年以上的轮作,避免与茄科、十字花科蔬菜连作。

(3)加强田间管理,提高植株抗病力　深耕晒垡和及时中耕松土,高畦种植,不宜过密,通风好,避免积水,降低田间湿度;做好田园卫生,及时清理病株,并用生石灰,或敌磺钠,或甲醛等处理病穴消毒,翻耕土壤,促进病残体腐烂分解,减少病源;及早防治地上、地下害虫,注意防治跳虫甲、菜蛾等害虫,减少虫伤口;推广除草剂,避免田间作业人为制造伤口。

(4)采收、贮藏时注意避免伤口,防止病菌侵入　在无病田,选无病株作留种母根,采收后晒半天,入窖后严格控制窖温在 10℃以下,相对湿度低于 80%。

(5)化学防治　发病初期喷洒 72%硫酸链霉素可溶性粉剂4 000倍液,或 14%络氨铜水剂 300 倍液,或 50%代森锌水剂500～600 倍液,或 77%氢氧化铜可湿性粉剂 500 倍液,或新植霉素4 000倍液灌根或茎基部喷雾,或 47%春雷·王铜可湿性粉剂

800 倍液,或 70%敌磺钠原药 500～1 000 倍液。隔 7～10 天喷 1次,连续防治 2～3 次。

(五)菌 核 病

1. 症状 贮运期及贮藏期一种严重病害。积雪下越冬的胡萝卜,发病部位有叶身、叶柄、根冠及根侧部。积雪消融后,叶身、叶柄呈黄褐色或深褐色,并紧贴地面,表面疏生菌丝,生成菌丝块,形成黑色鼠粪状菌核。根冠部至 5～10 厘米处,侧面呈水渍状,组织软化,直根软腐,轻按之下,外皮破裂并缠有大量白色絮状菌丝体和鼠粪状菌核,菌核初为白色,后期为黑色的颗粒;严重时,心髓部、皮层部与组织一同溃烂,窖藏可造成整窖直根腐烂。

2. 防治方法

(1)合理轮作 与非伞性科作物实行 3 年以上轮作。

(2)加强田间管理 田间生产选用无病地栽植,及时烧毁田间和贮藏环境中的病残株和病叶,以减少侵染来源;雨后及时排水,合理施肥浇水;发病地块要深耕、深翻表土,将菌核深埋地下;田间喷洒石硫合剂或氯硝散均有一定的防治效果;合理施肥,避免氮肥过多;合理密植,改善通风透光条件。

(3)适时采收 尽量减少采前或采后运输时所造成直根表面的各种机械损伤。

(4)化学防治 于发病初期用 50%甲基硫菌灵 500 倍液,或50%氯硝胺可湿性粉剂 1 000 倍液,或 50%腐霉剂可湿性粉剂1 000～1 200倍液。每隔 7 天喷 1 次药,连喷 2～3 次。用次氯酸钠等含氯化合物对库房及用具进行彻底的消毒。

(六)根结线虫病

1. 症状 地上部表现症状因发病的程度不同而异,轻病株症状不明显,重病株生长发育不良,叶片中午萎蔫或逐渐枯黄,植株矮小,发病严重时,全田植株枯死。地下染病后产生瘤状大小不等的根结,解剖根结,病部组织里有很多细小的乳白色线虫埋于其内。

2. 防治方法

(1)合理轮作　实行石刁柏(芦笋)2～5年轮作或与葱蒜类蔬菜轮作,可收到理想效果。此外,芹菜、黄瓜、番茄是高感菜类,大葱、韭菜、辣椒是抗病、耐病菜类,病田种植抗病、耐病蔬菜可减少损失,降低土壤中线虫量,减轻下茬受害。

(2)加强田间管理　精细整地,铲除残根、杂草,收获后清洁田园,将病残体带出田外,除去根结和卵囊,集中烧毁,减少病源,减轻线虫的发生。

(3)水浇法　有条件地区对地表10～15厘米深,淤灌1～3个月,可起到防止根结线虫侵染繁殖增长的作用,使根结线虫缺氧窒息而死或虽然未死但不能侵染。

(4)化学防治　在胡萝卜种植前,土壤中施10%克线磷颗粒剂,每667米^{2}用5千克有很好的效果。生长期内,可在发病初期用1.8%阿维菌素乳油1 000倍液灌根,每株灌0.5千克,每10～15天灌根1次。

(七)花叶病毒病

1. 症状　胡萝卜苗期和生长中期发生。发病时,病叶出现明脉和浓淡不匀的近圆形斑驳,严重时,整个复叶或全株微有褪绿,留下星星点点的绿色斑,随植株生长有紫变的倾向,病叶呈针叶状,以后叶柄缩短,叶皱缩扭曲畸形,重者呈严重皱缩花叶,心叶一般不显症。发病愈早,损失愈大。

2. 防治方法

(1)加强田间管理　清洁田园及时清理病残体,深埋或烧毁。生长期间满足肥水供给,促进植株生长,增强抗病力。

（2）施用钝化剂　如 1∶20 的黄豆粉或皂角粉水溶液，在田间作业时喷洒，对防止操作接触传染有效，或肉质根置于 36℃条件下处理 39 天，可使病毒钝化。

（3）早防蚜　减少传毒机会，可挂镀铝聚酯反光幕或银灰塑料膜条避蚜；在本田周围间作麦类及陆稻等禾本科作物形成屏障；清理大田四周，消除侵染源；或用 10％吡虫啉可湿性粉剂 1 500 倍液，或 20％氰戊菊酯乳油 2 000 倍液，或 50％抗蚜威可湿性粉剂 2 000倍液喷洒。

（4）化学防治　病毒病一旦发生没有有效的药剂治病，所以只能预防。可于发病前或发病初期喷施 1.5％烷醇·硫酸铜水乳剂 1 000倍液喷雾，或 20％吗胍·乙酸铜可湿性粉剂 500 倍液，或 1∶20～40的鲜豆浆低容量喷雾，发病较重时喷施 0.1％医用高锰酸钾溶液（严禁加入任何杀菌剂、杀虫剂或激素）。每 7～10 天喷药 1 次，连续防治 2～3 次。

（八）黄化病

1. 症状　生长初期发病，植株显著矮化，呈丛生症状，沿叶脉生成黄斑，叶脉透明。生长后期发病，只出现叶片黄化症状。

2. 防治方法　同花叶病毒病防治。

（九）斑枯病

1. 症状　一般秋冬发病，病叶上的病斑呈不规则形或近圆形，病健组织分界清晰，病斑边缘黄绿色、中央褐色或黑褐色，病斑上密生黑色小颗粒，小颗粒埋生或半埋，叶柄上形成黑褐色稍有凹陷的不规则形病斑，病斑上散生黑色小颗粒。发病严重时，叶上布满病斑或病斑相连，致使叶片提早黄枯。

2. 防治方法

（1）种子消毒　用胡萝卜种子重量 0.3％的 50％福美双可湿

性粉剂拌种。

（2）加强田间管理　及时清理病株残体，该病病菌随病残体散落地表和土壤中越冬，前期田间尤以管理粗放。生长衰弱的发病最重。

（3）化学防治　发病初期，每 667 米^2 可用 70％代森锰锌可湿性粉剂 500 倍液，或 58％甲霜·锰锌可湿性粉剂 500 倍液，或 40％硫磺·多菌灵悬浮剂 500 倍液，或 77％氢氧化铜可湿性微粒粉剂 800 倍液，或 1∶1∶160～200 波尔多液 50～60 千克交替喷雾，每 7～10 天 1 次。连喷 2～3 次。

（十）白 绢 病

1. 症状　发病初期地上部症状不明显，植株根颈部地际处长出白色菌丝，呈辐射状，后在菌丛上形成灰白色至黄褐色小菌核，大小约 1 毫米。病情严重时，植株叶片黄化、萎蔫。

2. 防治方法

（1）农业措施　实行轮作，播种前深翻土壤，南方酸性土壤可施石灰 100～150 千克，翻入土中进行土壤消毒，减少田间菌源；施用腐熟有机肥，适当追施硝酸铵；及时拔除病株，集中深埋或烧毁，并向病穴内撒施石灰粉。

（2）化学防治　发病初期，可选用 25％三唑酮可湿性粉剂拌细土（1∶200），撒施于植株茎基部，也可用 50％甲基立枯磷可湿性粉剂，按每平方米 0.5 克的用量与少量细土混匀，撒于土表，或用 20％甲基立枯磷乳油 900 倍液喷雾，均有较高的防治效果。还可用 40％硫磺·多菌灵悬浮剂 500 倍液，或 50％异菌脲可湿性粉剂 1 000 倍液，或 15％三唑酮可湿性粉剂 1 000 倍液，或 25％三唑酮可湿性粉剂 2 000 倍液喷雾或灌根。每 10～15 天 1 次，连续防治 2 次。

(十一)灰霉病

1. 症状 贮藏期间危害肉质根,使肉质根软腐,其上密生灰色霉状物。该病为真菌性病害,病菌随病株残体在土壤中越冬。贮藏期间低温、潮湿条件下易发病。

2. 防治方法 收获、运输、入窖时防止造成机械损伤。控制贮藏环境的温度在 1℃～3℃,及时通风,降低湿度,避免发病条件。入窖前,窖内应用硫磺燃烧熏蒸杀菌消毒。

四、胡萝卜生理病害及防治方法

(一)叉 根

1. 症状 胡萝卜叉根是指肉质根分叉,即原本应为一条根的肉质根,长成为两根、三根、四根甚至多条根。

2. 防治方法

(1)选择优良品种及质量好的新种子播种 选择肉质根顺直耐分叉的优质高产品种,一般肉质根短形或圆形的品种较长形品种不易发生分叉现象,如郑参 1 号、郑参丰收红、日本新黑田五寸人参、红誉五寸等。购种时要选择新鲜饱满、发育完全、生命力强的新种子播种。因为胡萝卜种子的寿命较短,一般室内贮藏 2～3 年发芽率只有 30％,陈种子的生活力往往较弱,发芽不良,影响幼根先端的生长,因而也就容易产生分叉根。雨季收获的种子,由于光照不足、雨水过多,常出现胚发育不良的现象,播种这些种子也会产生叉根。

(2)土壤选择 种植胡萝卜的地块要选择沙壤土或壤土,尽量不要在土质黏重的土地上种植。因为胡萝卜栽培在黏重土壤或土层较浅的土壤,肉质根伸长受阻,促使侧根发育,结果就使肉质根出现分叉。

(3)地块要深耕细耙　耕深不浅于25～30厘米,纵横细耙2～3次,力争土细,整地时不要漏耕漏耙,特别是地边地头。同时,要注意拣出地里的碎砖、瓦、石块和树根等杂物,以防肉质根生长受阻形成分叉。

(4)合理施肥　有机肥要充分腐熟,施肥时要力争使有机肥细碎,深施、撒施均匀。因为施用新鲜厩肥会影响肉质根的正常肥大,新鲜厩肥在腐熟过程中会发酵、发热,胡萝卜直根下伸时就会被烧伤,停止伸长,从而促使侧根发育,形成叉根。另外,施用化肥不均,造成土壤中局部浓度过高,也易烧坏根尖,产生叉根。

(5)合理密植　适时间苗、培土。若间苗不及时,幼苗造成拥挤,影响肉质根的发育。在幼苗破肚期后,还未定苗,生长过挤,也会使主根弯曲,侧根发达,而形成分叉。而栽植太稀时,单株营养面积过大,营养物质吸入过多,也可促使侧根肥大,造成分叉。在营养面积较小的情况下,营养物质多集中在主根内,分叉现象反而较少。当然也不能过密,以防肉质根细瘦。

(6)注意及时防治地下害虫,避免危害　土壤中有各种各样的害虫,厩肥中又有蛴螬或蝼蛄等,由于这些害虫的啃食,伤害了主根,也会产生叉根。

(二)裂　根

1. 症状　胡萝卜肉质根表皮开裂,裂根以纵裂为多,长度、宽度和深度不一,可深裂到髓部。有的易受土壤病菌侵染引致腐烂;有的伤口虽可愈合,而外观不雅,致使肉质根失去商品价值,大大影响收益。

2. 防治方法

(1)选择不易裂根的品种　如黑田五寸人参等。

(2)农业措施　选择土层深厚、疏松、细碎无砾石的沙壤土或壤土上种植。精耕细作,不能用小四轮拖拉机旋耕;施腐熟的有机肥作基肥,而在生长期少追施化肥;坚持不施用未经发酵腐熟的生粪。

(3)均匀浇水 胡萝卜4~5片真叶开始破肚时,应浇足1次水,促进叶片的生长。从破肚以后要适当控制浇水,防止徒长,促进根部伸长。当肉质根生长到食指粗时为迅速膨大期,此时应保持田间湿润,但浇水量也不要太大,每次浇水量要少,增加浇水次数,忌土壤忽干忽湿。特别是胡萝卜生长初期,要保证主根的正常生长。一般土壤相对含水量保持60%~80%。临近收获时不再浇水,这样才能较好地满足肉质根生长,防止开裂。

(4)适当追肥 施追肥适量、均匀,追肥要少量多次。生长期间一般追肥2~3次,定苗后进行第一次追肥,偏施氮肥,每667米²追尿素10千克左右;肉质根膨大期进行第二、第三次追肥,偏施磷、钾肥,每次每667米²追施三元复合肥15千克左右。

(5)合理密植 一般中小型品种行株距10厘米左右,大型品种行株距13~15厘米。间苗应分2~3次进行,1~2片真叶期开始间苗,苗距3厘米,3~4片叶时再间苗1次,5~6片真叶时定苗,若未按品种要求控制株距,也会造成裂根。

(6)及时采收 按品种生长期的要求或加工企业对胡萝卜肉质根大小的要求及时采收,若在胡萝卜品种要求的采收期内没有及时采收,使胡萝卜肉质根在后期过度生长,也会造成裂根。

(三)瘤状根

1. 症状 胡萝卜肉质根表面的气孔突起较大,表皮出现瘤状物,不仅降低了品质,而且食用价值差。

2. 防治方法 胡萝卜栽在土层深厚、肥沃、富含腐殖质的壤土或轻沙壤土里。前茬作物收后及时清洁田园,施足充分腐熟的有机肥,进行耕翻。先浅耕灭茬,晒垡,而后深耕20~30厘米。在水分的管理上要保持一定湿润,见干见湿,一般土壤相对含水量保持 60%～80%。

(四)缺　氮

1. 症状　生长矮小而瘦弱,叶色淡绿,从老叶开始变黄。小叶生长良好,节间变长,老叶呈黄到红色,易过早死亡脱落,根形状相对小。

2. 防治方法

(1)培肥土壤　增加土壤有机质,培肥地力。提高土壤的有机质、促进土壤团粒结构的形成,增加土壤的供氮能力。

(2)少量多次追施氮肥　对一些土壤比较沙性、蔬菜生长期又长的菜地,氮肥宜少量多次施用,以防氮素流失,造成缺氮或因高氮给蔬菜带来的浓度危害。旺长期重点追施氮肥。

(五)缺　磷

1. 症状　与缺氮症相同,生长弱。

2. 防治方法

(1)提高土壤供磷能力　因地制宜地选择适当农艺措施,提高土壤有效磷。对一些有机质贫乏的土壤,应重视有机质肥料的投入。城郊要充分利用垃圾肥料以及农产品加工厂的有机废弃物,增强土壤微生物的活性,加速土壤熟化,提高土壤有效磷。对于酸性或碱性过强的土壤,则从改良土壤酸碱度着手。酸性土可用石灰,碱性土则用硫磺,使土壤趋于中性,以减少土壤对磷的固定,提高磷肥施用效果。

(2)采用保护设施栽培　早春低温采用地膜覆盖和塑料大棚栽培,可以减少低温对磷吸收的影响。

(3)合理施用磷肥　磷肥施用时期宜早不宜迟,一般宜作苗床肥或移栽时施用,一次集中施用效果比分次施用效果好。常用量过磷酸钙为每 667 米^2 施 10～15 千克。

(六)缺　钾

1. 症状　老叶尖端和叶边变黄变褐,沿叶脉呈现组织坏死斑点,肉质根膨大时出现症状。

2. 防治方法　追施钾肥,每 667 米^2 追氯化钾或硫酸钾 5～8 千克。也可叶面喷 1％氯化钾溶液,或 2％～3％硝酸钾溶液,或 3％～5％草木灰溶液。

(七)缺　钙

1. 症状　幼苗中的新叶生长发育受阻,老叶从叶缘变紫,同时老叶柄也变紫并且生长受阻、黄化,叶卷曲变褐枯死,同时易引起空心病。而土壤中钙含量过多时,会使胡萝卜糖分和胡萝卜素含量下降。

2. 防治方法

(1)控制肥料用量　对盐碱土壤严格控制氮、钾肥用量,同时一次用肥不宜过量,以防耕层土壤的盐分浓度提高。

(2)及时灌溉,防止土壤干燥　秋冬季常常会遇到干旱,当土壤过度干燥时,应及时灌溉,使其保持湿润,以增加植株对钙的吸收。

(3)叶面喷钙　对因土壤溶液浓度过高引起根系吸收障碍的,土壤施用钙肥常常无效,而适用叶面喷施。可用 0.3％～0.5％氯化钙溶液进行叶面喷施,每 667 米^2 用量为 40～75 千克,注意茎、叶背面也要喷到;或用酷乐糖醇螯合钙,每隔 7 天左右喷 1 次,连喷 2～3 次可见效。由于普通钙肥在植物体内移动性较差,所以钙的移动性是肥料效果的最大障碍,用酷乐钙能有效解决移动性差的问题。

(4)施用石灰质肥料　对于供钙不足的酸性土壤应施用石灰

等含钙肥料。石灰的用量与土壤质地有关,同时考虑原来土壤的pH值条件,在生产中还可以选用其他含钙高的肥料如石膏等。

(八)缺 镁

1. 症状 植株新叶比老叶更绿,叶片外观看起来不好,老的叶片呈现脉间绿色更淡、黄化、变红,胡萝卜短小。镁含量越多,其含糖量和胡萝卜素含量也越多,品质越好。

2. 防治方法

(1)施用镁肥 对于土壤供镁不足造成的缺镁可施镁肥补充,可用硫酸镁等镁盐,每 667 米² 用量 2~4 千克。对一些酸性土壤最好用镁石灰(白云石烧制的石灰)50~100 千克,既供给镁,又可改良土壤酸性。许多化肥如钙镁磷肥都含有较高的镁,可根据当地的土壤条件和施肥状况因地制宜加以选择。对于根系吸收障碍而引起的缺镁,应采用叶面补镁来矫治,可用 1%~2% 硫酸镁溶液,在症状激化之前喷洒,每隔 5~7 天喷 1 次,连喷 3~5 次,也可喷施硝酸镁等。

(2)控制氮钾肥的用量 对供镁低的土壤,要防止过量氮肥和钾肥对镁吸收的影响。尤其是大棚蔬菜往往施肥过多,又无淋洗作用,导致根层养分积累,抑制了镁的吸收。因此,大棚内施氮、钾肥,最好采用少量分次使用。

(九)缺 铜

1. 症状 土壤中缺少微量元素铜会造成根皮色的变化。

2. 防治方法 应在施肥时多施入一些含铜肥料。每 667 米² 用硫酸铜种肥 1~2 千克,或用硫酸铜 1~2 千克拌种。

（十）缺　锰

1. 症状　叶片黄化。

2. 防治方法

（1）矫正土壤 pH 值　施用硫磺中和土壤碱性，降低土壤 pH 值，提高土壤中锰的有效性，硫磺用量根据土壤质地而定，每 667 米^2 轻质壤土一般用 1.3～1.5 千克，黏质土用 2 千克。对于锰中毒的土壤则要增施石灰，提高土壤 pH 值，降低锰的有效性以抑制蔬菜对锰的吸收，减轻锰的毒害。

（2）施用锰肥　目前，施用的锰肥主要有硫酸锰、氯化锰、碳酸锰、氧化锰、含锰玻璃肥料（含锰的硅酸盐）及螯合态锰。一般缓效性锰肥（如碳酸锰、氧化锰、含锰玻璃肥料等）宜用作土施；水溶性锰肥（如硫酸锰）既可作土施，也可喷施。作土施时采用撒施或条施，每 667 米^2 用硫酸锰 1～2 千克要施均匀，以免局部发生中毒。叶面喷施锰肥是矫正蔬菜缺锰症状的有效措施，在易使可溶性锰肥失效的土壤上更显示其优越性。叶面喷施通常采用硫酸锰，浓度为 0.1%～0.2%，每 667 米^2 用药液 50 千克左右。

（3）酸性沙质土壤的防治　尽量避免水旱轮作，同时增施有机肥，提高土壤的贮锰和供锰能力。

（十一）缺　硼

1. 症状　缺硼时，幼叶变小，新叶呈淡绿色，叶顶向外卷，畸形，而后心叶枯死，老叶黄化，向后卷曲，呈萎蔫状，且叶缘紫色；生长点死亡；叶柄软裂；根茎表面粗糙，皮层木栓化；果实中空，不光滑。

2. 防治方法

（1）施用硼肥　土施一般选用硼砂，每 667 米^2 用量多在 0.5～2.0 千克之间。土壤施硼应施均匀，否则容易导致局部硼过多的危害。与有机肥配合施用可提高施硼效果;叶面喷施一般用0.1%~0.2%硼砂或硼酸溶液喷施。硼砂是热水溶性的,配制时先用热水溶解为宜。

(2)增施有机肥料　有机肥料本身含有硼,每千克全硼含量20~30毫克,施入土壤后可随有机肥料的分解释放出来,提高土壤供硼水平,还可以提高土壤硼的有效性。同时,要控制氮肥用量,特别是铵态氮过多,不仅影响蔬菜体内氮和硼比例失调,而且会抑制硼的吸收。

(3)水分管理　遇长期干旱,土壤过于干燥时要及时浇水抗旱,保持湿润,增加对硼的吸收。对于硼过剩的矫治,可土施石灰抑制硼的吸收,但应以预防为主。

五、胡萝卜虫害及防治方法

胡萝卜生长过程中的主要害虫有茴香凤蝶、红蜘蛛、蛴螬、蝼蛄等。这些害虫危害胡萝卜植株及肉质根,严重影响胡萝卜的商品性。

(一)茴香凤蝶

别名黄凤蝶、金凤蝶、胡萝卜凤蝶等,主要危害胡萝卜、芹菜、茴香等伞形科蔬菜。

1. 危害特点及生活习性　初孵幼虫食害小叶。幼虫发育后食量猛增,暴食叶片,只留下主轴,影响植株生长发育,严重造成减产,甚至失去商品价值。全国各地均有发生,1年发生2代,以蛹在灌丛树枝上越冬,第二年4~5月间羽化,第一代幼虫发生于5~6月,第二代幼虫发生于7~8月间。卵散产于叶面。幼虫夜间活动取食。

2. 防治方法

(1)人工捕杀　在5～10月期间,时常巡视田间,发现有1～2片叶只剩下轮廓时,便可断定该虫所为,应仔细寻找,及时捕杀幼虫。

(2)化学防治　菜田零星发生时,可不单独防治。数量较多时,在三龄前喷洒20%灭幼脲悬浮剂1 000倍液,或20%虫酰肼悬浮剂1 500倍液,或10%虫螨腈悬浮剂1 500倍液,或5%氟虫脲可分散液剂1 500倍液,或10%高效氯氟氰菊酯乳油1 500倍液,或98%杀螟丹可溶性粉剂1 000～1 500倍液,或4.5%高效氯氰菊酯乳油1 500倍液,或5%氟虫腈乳油2 500倍液,或20%氰戊菊酯乳油2 000倍液,或2.5%溴氰菊酯乳油2 000倍液,或5%氟啶脲乳油3 500倍液,或50%辛硫磷乳油1 500倍液等。

(二)夜蛾类害虫

危害胡萝卜的夜蛾主要有甘蓝夜蛾、斜纹夜蛾、银纹夜蛾、甜菜夜蛾等。

1. 危害特点及生活习性　它们均以幼虫危害胡萝卜植株,啃食叶肉组织、残留表皮,或直接取食叶片,造成叶片孔洞或缺刻的方式危害胡萝卜。有些成虫还可在叶背面吐丝,结茧化蛹。

2. 防治方法

(1)物理防治　主要是秋冬耕地灭蛹。采用黑光灯或糖醋液诱杀成虫,人工采集卵块或捕捉幼虫。

(2)化学防治　主要是喷杀幼虫,可用20%氰戊菊酯乳油2 000倍液,或2.5%高效氯氟氰菊酯乳油3 000倍液,或20%甲氰菊酯乳油3 000倍液,或10%辛硫磷乳油1 000倍液。每7～10天喷1次,连喷2～3次。

(三)蚜　虫

别名胡萝卜微管蚜、菜蚜、芹菜蚜,该虫属同翅目蚜科,刺吸式口器害虫中的一个主要类群。寄生在胡萝卜、芹菜、水芹、忍冬、白芷、当归、防风等作物上。在我国吉林、辽宁、北京、河北、河南、山东、浙江、台湾、福建、广东、四川、云南等地均有分布。

1. 危害特点及生活习性　成、若蚜主要危害伞形花科植物的嫩梢,使幼叶卷缩,造成产量和品质下降。胡萝卜苗受害后常成片枯黄。它们吸食叶片的汁液,造成的损害一种是直接伤害,同时分泌毒素,造成叶片变色畸形;另一种危害则是间接的,蚜虫是十字花科蔬菜主要病毒的传播者,当它们吸食有病植株汁液后再飞到健康植株上取食,只要几分钟即可将病毒传到组织中。成、若蚜刺吸寄主茎、叶、花的汁液,造成叶片卷缩,植株生长不良或枯萎死亡。严重危害,可使胡萝卜等心叶停止生长,并传播胡萝卜黄化病毒病。此蚜虫1年可发生10～20代,以卵在忍冬属植物枝条上越冬,4～5月危害忍冬属植物,5～11月危害胡萝卜、芹菜等,11月产生性蚜,交尾产卵后越冬。终年发生,秋季种群数量较多。

2. 防治方法

(1)人工预防　早春可在越冬蚜虫较多的越冬芹菜或附近其他蔬菜上施药,防止有翅蚜迁飞扩散;冬季清园,将枯株深埋或烧毁,清除杂草,减少虫口基数。

(2)保护天敌　4～5月菜田里各种天敌如捕食性瓢虫、食蚜蝇和草蛉很多,可用网捕的方法移到蚜虫较多的菜田中。也可在蚜虫越冬寄主附近种植覆盖作物,增加田地活动场所,栽培一定量的开花植物,为天敌提供转移寄主。

(3)银灰膜驱避　根据蚜虫对银灰色有负趋性,在蔬菜生长季节,可在田间张挂银灰色塑料条,或铺灰色地膜等。

(4)黄板诱杀　利用蚜虫对黄色有强烈的正趋性,可在田间插黄板,上涂黄油,以粘杀蚜虫。

(5)化学防治 在点片发生时,可喷 10%吡虫啉可湿性粉剂 2 000～3 000 倍液,或 5%啶虫脒乳油 2 000 倍液。在发生期,喷施 50%抗蚜威可湿性粉剂 1 500～2 000 倍液,对蚜虫有特效且对蚜茧蜂和食蚜蝇安全。也可用 25%噻虫嗪水分散粒剂 5 000～10 000 倍液,或 20%氰戊菊酯乳油 3 000～4 000 倍液,或选用 2.5%高效氯氟氰菊酯乳油、20%甲氰菊酯乳油、40%乐果乳油 1 000～2 000 倍液防治。每 7～10 天喷 1 次,连续喷 2～3 次。喷药要均匀、周到,主要喷在叶背和心叶部位。

(四)红 蜘 蛛

学名红叶螨,又名棉红蜘蛛,俗称大蜘蛛、大龙、砂龙等。我国的种类以朱砂叶螨为主,属蛛形纲,蜱螨目,叶螨科。分布广泛,食性杂,可危害 110 多种植物。

1. 主危害特点及生活习性 要以成、若、幼螨在叶背吸食作物汁液,并结成丝网,将叶片和花盘蒙盖,使结果期缩短,产量降低。危害初期叶面出现零星褪绿斑点,严重时白色小点布满叶片,使叶面变为灰白色,最后造成叶片干枯脱落,植株衰败。红蜘蛛的生长发育、繁殖最适温度为 29℃～31℃,相对湿度为 33%～55%。高温低湿有利于其发生。红蜘蛛对含氮高的植株有趋向性。

2. 防治方法

(1)农业防治 清除棚边杂草及棚内枯枝落叶,耕翻土地,消灭越冬虫源。合理灌溉,增施含磷高的有机肥,少施含氮有机肥,使植株健壮生长,提高抗红蜘蛛的能力。

(2)绿色防治 防治红蜘蛛用 0.36%苦参碱水剂 500～1 200 倍液喷雾,或用大蒜汁水 100 倍液,或用 2 杯精白粉＋50 升水混合制成药剂喷雾。

(3)化学防治 在红蜘蛛发生期可以采用 20%甲氰菊酯乳油

2 000 倍液,或 20％哒螨灵可湿性粉剂 2 000 倍液,或选用 3％啶虫脒乳油(每 667 米² 用量 15～20 毫升)、20％哒嗪硫磷乳油 1 000 倍液,或 5％噻螨酮乳油 2 000 倍液防治。也可用 25％氰戊·辛硫磷(每 667 米² 用量 30 毫升)或 48％毒死蜱乳油(每 667 米² 用量 100 毫升),与 1.8％阿维菌素乳油(每 667 米² 用量 20 毫升)混用防治。

(五)蛴 螬

为鞘翅目金龟子科幼虫的统称,又叫白地蚕、白土蚕等,是各地常见的地下害虫。

1. 危害特点及生活习性　危害多种蔬菜,对春播胡萝卜危害较重,尤其是施用未腐熟的有机肥的田块危害更为严重。在地下啃食胡萝卜萌发的种子,咬断幼苗根茎,致使幼苗死亡,或造成胡萝卜主根受伤,致使肉质根形成叉根。蛴螬以幼虫或成虫在无冻土层中越冬。其活动与土壤温湿度关系密切,当地表下 10 厘米地温达 5℃时开始回到表土层活动,13℃～18℃时活动最盛,表土层温度 23℃以上则潜入土层深处。

2. 防治方法

(1)人工捕杀　施有机肥时把蛴螬幼虫筛出,或发现幼苗被害时挖出根际附近的幼虫,或利用成虫的假死性,在其停落的作物上捕杀。

(2)农业防治　一是深秋或初冬翻耕土地,消灭一部分虫,可压低虫量,减轻危害。二是合理安排茬口。前茬不应为豆类、花生、甘薯、玉米等。三是合理施用化肥,不施未腐熟的有机肥,防止招引成虫产卵,减少将幼虫和虫卵带入畦土内。而碳酸氢铵、氨水等化肥能散发氨气,对害虫有驱避作用。四是合理灌溉。蛴螬发育最适宜的土壤含水量为 15％～20％,土壤过干或过湿,均会使蛴螬向土层深处转移,或使卵不能孵化,幼虫致死。但灌溉要合理控制,不能影响作物生长发育。

(3)化学防治 在蛴螬发生严重的地块,用50%辛硫磷乳油800倍液,或21%增效氰·马乳油8 000倍液,或52.25%氯氰·毒死蜱乳油1 000倍液,或30%敌百虫乳油500倍液,或80%敌百虫可湿性粉剂800倍液喷洒或灌杀,灌杀时每平方米畦面用4~5千克。也可每667米²用3%毒死蜱颗粒剂3~4千克,掺细土20千克,撒施或沟施。还可667米²用50%辛硫磷乳油200~250克,加水10倍稀释,喷于25~30千克细土上拌匀成毒土,撒于地面,随即耕翻,或混入厩肥中施用,或结合灌水施入;或每667米²撒施5%辛硫磷颗粒剂2.5~3千克防治。

(六)蝼 蛄

别名拉拉蛄、地拉蛄、土狗子、地狗子、水狗等,我国常见的有华北蝼蛄和东方蝼蛄,是胡萝卜比较重要的地下害虫。

1. 危害特点及生活习性 成虫、若虫在土中咬食种子及幼芽或将幼苗咬断致死,或在土中钻成条条隆起的隧道,使幼苗根部与土壤分离,或咬断幼苗地下根茎,造成缺苗断垄。温室中由于气温高,蝼蛄活动早,而幼苗又比较集中,受害更重。

(1)东方蝼蛄 北方地区2年发生1代,南方1年发生1代,以成虫或若虫在地下越冬。清明后上升到地表活动,在洞口可顶起一个个小的虚土堆。5月上旬至6月中旬是蝼蛄第一次危害高峰期。6月下旬至8月下旬,因天气炎热转入地下,6~7月为产卵盛期。9月气温下降,再次升到地表,形成第二次危害高峰。10月中旬以后陆续钻入深层土中越冬。

(2)华北蝼蛄 在我国北方地区,3年发生1代,多与东方蝼蛄混杂发生。蝼蛄昼伏夜出,晚上9~11时活动最盛,特别在气温高、湿度大、闷热的夜晚,大量出土活动。早春或晚秋因气候凉爽仅在表土层活动。炎热的中午潜至深土层。蝼蛄具有趋光性,并对香甜物质,如半熟的谷子、炒香的豆饼、麦麸以及马粪等有机肥,有强烈趋性。成虫、若虫均喜欢松软潮湿的壤土或沙壤土。20厘米表土层含水量20%以上最适宜,小于15%活动减弱。气温12.5℃～19.8℃、20厘米土温15.2℃～19.9℃时,对蝼蛄最适宜。

2. 防治方法

(1)药剂拌种 用种子量0.2%～0.3%的50%辛硫磷乳油或40%乐果乳油拌种。

(2)合理施肥 施用有机活性肥或生物有机复合肥、酵素菌沤制的堆肥或腐熟有机肥。春播胡萝卜防治适期一般掌握在10厘米土温稳定在10℃时。可每667米² 用5%辛硫磷颗粒剂1～1.5千克,在播种后撒于垄播沟内,然后覆土,有一定预防作用。

(3)毒饵诱杀 蝼蛄具有趋光性和喜湿性,对香甜物质和炒香的豆饼、麦麸及马粪等具有强烈的趋性。方法是将饵料(秕谷、麦麸、豆饼、棉籽饼或玉米碎粒)5千克炒香,用90%晶体敌百虫或50%辛硫磷乳油150克对水30倍拌匀,每667米² 用毒饵2～2.5千克,于无风闷热傍晚撒施于田间,施毒饵前能先灌水,保持地面湿润,效果更好。

(4)化学防治 气温低时,蝼蛄在表土下活动,最好开沟施放或开穴点施。毒谷防治,每667米² 用干谷子0.5～0.75千克煮至半熟,捞出晾干,拌入2.5%敌百虫粉0.3～0.45千克,拌匀后晾到七八成干,沟施或穴施。或者用3%辛硫磷颗粒剂,每667米² 施1.5～2千克,或5%毒死蜱·辛硫磷颗粒剂2千克、3%毒死蜱颗粒剂4千克混匀后撒在地表。

(七)地老虎

别名土蚕、地蚕、黑土蚕、黑地蚕,鳞翅目夜蛾科。常见的有小地老虎、黄地老虎和大地老虎。寄生于各种蔬菜和农作物幼苗及药食两用植物。

1. 危害特点及生活习性　幼虫将幼苗近地面的茎部咬断,使整株死亡。幼虫咬食胡萝卜肉质根时,形成空洞,降低商品价值。

(1)小地老虎　以老熟幼虫、蛹和成虫越冬。成虫夜间交配产卵,卵产在5厘米以下矮小杂草上,如小旋花、小蓟、藜、猪毛菜等,尤其在贴近地面的叶背或嫩茎上,卵散产或成堆产。成虫对黑光灯及糖醋液等趋性较强。幼虫共6龄,三龄前在地面、杂草或寄主幼嫩部位取食,危害小;三龄后白天潜伏于表土,夜间出来为害,动作敏捷,性残暴,能自相残杀。老熟幼虫有假死习性,受惊缩成环形。性喜温暖和潮湿,最适发生温度为13℃~25℃。在河流、湖泊地区或低洼内涝、雨水充足和常年灌溉地区,如土质疏松、团粒结构好、保水性强的壤土、黏壤土、沙壤土,均适合小地老虎发生。早春菜田和杂草多的周边,可提供产卵场所;蜜源植物多处可为成虫提供补充营养的情况下,会形成较大的虫源,发生严重。

(2)黄地老虎　在东北、内蒙古年发生2代,西北2~3代,华北3~4代。一年中春秋两季危害,但春季危害重于秋季。一般以四至六龄幼虫在2~15厘米深的土层中越冬,以7~10厘米最多,翌春3月上旬越冬幼虫开始活动,4月上中旬在土中做室化蛹,蛹期20~30天。华北5~6月危害最重,黑龙江6月下旬至7月上旬危害最重。成虫昼伏夜出,具较强趋光性和趋化性,习性与小地老虎相似,幼虫以三龄以后危害最重。

(3)大地老虎　每年发生1代,以幼虫在田埂杂草丛及绿肥田中表土层越冬,翌年4~5月与小地老虎同时混合发生危害。有越夏习性,在北京9月化蛹,成虫喜食蜜糖液,卵产于植物近地面的叶片上或土块上。长江流域3月初出土危害,5月上旬进入危害盛期,气温高于20℃则滞育越夏,9月中旬开始化蛹,10月上中旬羽化为成虫。每雌可产卵1000粒,卵期11~24天,幼虫期300多天。

2. 防治方法

(1)农业防治　早春清除杂草,注意虫情的预测预报,及时防治。

(2)诱杀防治　黑光灯可诱杀成虫。糖醋液可诱杀成虫,用糖6份、醋3份、白酒1份、水10份、90%敌百虫1份调匀。用毒饵诱杀幼虫将饵料(秕谷、麦麸、豆饼、棉籽饼或玉米碎粒)5千克炒香,而后用90%敌百虫30倍液0.15千克拌匀,适量加水拌湿,每667米^{2}施1.5～2.5千克,在无风闷热的傍晚撒施。也可堆草诱杀,将菜叶打碎,喷上90%精制敌百虫400～500倍液,傍晚散放在根旁,杀虫效果很好。

(3)生物防治　提倡用六索线虫、小卷蛾线虫防治,也可用性诱剂防治。每1334米^{2}地设1个诱杀器,距地面1米高,诱杀器内装小地老虎性信息素70微克,从小地老虎始发期开始,至成虫终现期为止。

(4)化学防治　地老虎一至三龄幼虫期抗药性差,且暴露在寄主植物或地面上,是化学防治的最佳时期,可喷洒48%毒死蜱乳油1000倍液,或20%氰戊菊酯乳油3000倍液,或50%辛硫磷乳油800倍液。也可用50%辛硫磷乳油0.5千克,加水适量喷拌在150千克细土上撒施。也可用2.5%敌百虫粉,每667米^{2}1.5～2千克拌细土10千克撒在菜株心叶里。也可用5%毒死蜱·辛硫磷颗粒剂2千克,或3%毒死蜱颗粒剂4千克进行撒施或沟施。虫龄较大时,可用50%辛硫磷乳油1000倍液,或52.25%氯氰·毒死蜱乳油1000倍液,或5.7%氟氯氰菊酯乳油1500倍液,或5%虱螨脲乳油1000倍液,或2.5%多杀霉素悬浮剂1000倍液灌杀。

(八)金 针 虫

别名细胸叩头虫、细胸叩头甲、黄夹子、土蚰蜒、芨芨虫、钢丝虫。分布北起黑龙江、内蒙古、新疆,南至福建、湖南、贵州、广西、云南。我国常见的有沟金针虫和细胸金针虫。

1. 危害特点及生活习性　危害胡萝卜种子、幼苗的根及胡萝卜肉质根,使幼苗枯萎至死,或造成肉质根畸形、破伤等,对春播和夏播胡萝卜均有危害。该虫喜欢中等偏低的温度和比较湿润的土壤。在土中危害活动的最适温度一般是 10～20 厘米地温 15℃～20℃,适合生存的土壤含水量为 20％～25％。

(1)沟金针虫　以幼虫或成虫在地下越冬。一般 2～3 年发生 1 代,幼虫生活周期长,世代重叠。在河南南部,越冬成虫在 2 月下旬出蛰,3 月中旬至 4 月中旬为活动盛期,白天潜伏表土中,夜间出土交尾产卵。雌成虫无飞翔能力;雄成虫善飞,有趋光性。卵发育历期 33～59 天,平均 42 天。5 月上旬幼虫孵化。到第三年 8 月下旬,幼虫老熟,在 16～20 厘米深的土层中化蛹,蛹期 12～20 天,平均 16 天。9 月中旬羽化,当年在原蛹室内越冬。雌成虫活动能力弱,因此多在原地交尾产卵,所以扩散危害受到限制。

(2)细胸金针虫　3 年发生 1 代,发育不整齐,有世代重叠现象。据陕西研究,越冬成虫 3 月上中旬开始出土活动,4 月中下旬达活动高峰,4 月下旬开始产卵,5 月上旬为产卵盛期,5 月中旬开始孵化,取食作物根部,后下移越夏;9 月下旬上移表土,危害秋麦苗,3.5℃下移越冬,翌年 4.8℃开始上移危害,3～5 月幼虫达危害盛期,6 月下旬幼虫陆续老熟,7 月中下旬化蛹盛期,8 月羽化成虫,即潜伏土中越冬。成虫傍晚活动、交尾、产卵、取食,交尾时呈重叠式。卵散产于表土层,每头雌虫可产卵 16～74 粒,分批产下。

2. 防治方法

(1)农业防治　上冻前翻地把越冬成虫、幼虫翻出土面冻死,或让天敌捕食。

(2)合理施肥　施用腐熟的有机肥,防止成、幼虫混入田间。

(3)诱杀法　可用黑光灯诱杀成虫,或用毒土杀成虫,方法是用 2.5％敌百虫粉(90％晶体敌百虫配制)1.5～2 千克,拌干细土 10 千克,撒于地面,整地做畦时翻入土中。

(4)化学防治　在幼虫大量发生的田块用药液灌根,方法同防治蛴螬幼虫,即 50%辛硫磷乳油 800 倍液,或 80%敌百虫可湿性粉剂 800 倍液灌根,每平方米畦面用药液 4～5 千克。在成虫发生期,可用 2.5%高效氯氟氰菊酯乳油 3 000 倍液,或 2.5%溴氰菊酯乳油 3 000 倍液喷杀。隔 7 天 1 次,连喷2～3次。

(九)根　蛆

根蛆别名胡萝卜蝇、胡萝卜潜蝇。

1. 危害特点及生活习性　以幼虫危害胡萝卜的叶片和植株根部。危害叶片时,使被害叶片呈现紫红色,随后变成黄色,最后全株枯黄而死。危害肉质根时,使被害的肉质根形成横缢而变畸形、木质化、无味或腐烂不能食用。成虫喜在潮湿处产卵,一般以数粒至数十粒成堆产在植株周围的土缝里、地面上或叶柄基部,也有的产在叶柄上或菜心里,每头雌虫可产卵 100 余粒。卵期 5～7天。幼虫孵化后很快就可钻入植株内部危害,幼虫期 35～40 天。从 9 月下旬开始化蛹,至 10 月下旬化蛹结束。成虫喜在日出前后及日落前或阴天活动,中午日光强烈时常隐蔽在叶背面及菜株阴处。成虫对糖醋液或未腐熟的有机肥趋性较强。

2. 防治方法

(1)农业防治　施用充分腐熟的有机肥,防止成虫产卵。合理轮作,与其他非伞形科作物实施轮作;及时清除田间病株残体;冬季翻地灭蛹,减少越冬虫源。

(2)化学防治　在成虫期用 80%敌敌畏乳油 1 000 倍液喷洒植株;在幼虫期用 0.5%高锰酸钾溶液灌根。

参考文献

[1] 吴焕章，郭赵娟．提高胡萝卜商品性栽培技术问答[M]．北京：金盾出版社，2009.

[2] 张振贤．蔬菜生理[M]．北京：中国农业科技出版社，1993.

[3] 赵志伟．根菜类蔬菜良种引种指导[M]．北京：金盾出版社，2004.

[4] 朱立新，张承和．萝卜胡萝卜栽培技术问答[M]．北京：中国农业大学出版社，2008.

[5] 赵志伟，司家钢．萝卜胡萝卜无公害高效栽培[M]．北京：金盾出版社，2003.

[6] 吴焕章，郭赵娟．根茎类蔬菜病虫防治原色图谱[M]．郑州：河南科学技术出版社，2012.